食宪鸿秘

〔清〕朱彝尊 撰

陈　澍 点校

浙江人民美术出版社

图书在版编目（CIP）数据

食宪鸿秘 / （清）朱彝尊著；陈澍点校. -- 杭州：
浙江人民美术出版社，2024.1
（吃吃喝喝）
ISBN 978-7-5751-0050-2

Ⅰ.①食… Ⅱ.①朱… ②陈… Ⅲ.①食谱－中国－
清代 Ⅳ.①TS972.117

中国国家版本馆CIP数据核字（2023）第239568号

吃吃喝喝

食宪鸿秘

〔清〕朱彝尊 著 陈 澍 点校

策划编辑　霍西胜
责任编辑　左　琦
责任校对　罗仕通
责任印制　陈柏荣

出版发行　浙江人民美术出版社
　　　　　（杭州市体育场路347号）
经　　销　全国各地新华书店
制　　版　浙江大千时代文化传媒有限公司
印　　刷　杭州捷派印务有限公司
版　　次　2024年1月第1版
印　　次　2024年1月第1次印刷
开　　本　880mm×1230mm　1/32
印　　张　4.125
字　　数　85千字
书　　号　ISBN 978-7-5751-0050-2
定　　价　30.00元

如发现印刷装订质量问题，影响阅读，请与出版社营销部（0571-85174821）
联系调换。

出版说明

　　《食宪鸿秘》二卷，旧题清朱彝尊撰。然学界对其著者多有争议，有主朱彝尊者，有主王士禛者，有主非上述二人者，至今尚无定论。今结合书中所载饮食内容具有江浙特色以及各家所论皆难有确证等因素，仍从朱彝尊编撰之旧说。

　　朱彝尊（1629—1709），字锡鬯，号竹垞，晚号小长芦钓鱼师、金风亭长，浙江秀水（今嘉兴市）人。康熙十八年（1679），以布衣被征召，举博学宏词科，官翰林院检讨，曾参加纂修《明史》。后历任日讲起居注官、江南乡试主考、值南书房等职。朱氏博学多识，早年以诗名著称，与王士禛并称"南朱北王"；而词名尤著，开浙西一派，与陈维崧阳羡词派和纳兰性德一派鼎足而三。著有《日下旧闻》《经义考》《曝书亭集》，并编有《明诗综》及《词综》等。

　　虽然学界对朱彝尊是否为《食宪鸿秘》一书作者多有争议，但是从传世的文献来看，朱氏是颇为留意饮食之道的。《明诗综》中即收录不少关于饮食的记载，如在收录"饥食荔枝,饱食黄皮"民谚后注云"黄皮果,状如金弹,六月熟,其浆酸而除暑热,与荔枝并进。荔枝餍饫,以黄皮解之",在收录"多食马兰,少食芥蓝"民谚后注云"马兰食之养血,芥蓝不宜多食",可见其对食物性状的谙熟。另外,我们也可以从朱氏的诗文创作中,窥见其热衷饮馔之一斑。如在食用过"河豚羹"后特意创作《探春慢》词,所谓"晓日孤帆,腥风一蓺,贩鲜江市船小。涤遍寒泉,烹来深院,不许纤尘舞到"云云,流露出对饮食的浓厚兴趣。

《食宪鸿秘》一书以原料所属列类,分《食宪总论》《饮食宜忌》《饮之属》《饭之属》《卵之属》《肉之属》等,共收载四百多种调料、饮料及菜肴。这些饮食资料,除了其中有少量摘录自高濂《遵生八笺》中部分内容外,有不少是作者得自耳闻目验,故而赵珩先生在《家厨的前世今生》中指出:"朱彝尊著有《食宪鸿秘》,虽然在作者和成书年代上有些歧异,但对饮食的叙述却非常详尽,其中的许多内容非实践不能论之,如果确为朱彝尊所著,必是与其家厨有过密切的沟通。"因书中所记多经验之言,切于实际应用,故该书在后世广为美食著作所征引转录,产生了较大影响。

《食宪鸿秘》较为常见的版本为一册两卷本,每页9行,每行21字,白口,四周双边。因书前有年希尧序文一篇,落款云"雍正辛亥仲冬长至后五日,广宁年希尧书",故学者多认定此本为雍正时期的刻本,亦即现存最早的刊本。然而,也有学者指出:"此书序题年希尧,云此书朱竹垞所著。然长芦不闻有此书，其云竹垞者殆依托也。辛亥乃雍正九年也，以《东华录》考之，雍正三年，年羹尧自裁，其父遐龄、弟希尧革职免罪，其族中官俱革职，□□子侄发配黑龙江，披甲为奴。岂有雍正九年年希尧尚能从容刊此书以行，复作骈体序□哉？"（清李文田《食宪鸿秘跋》）李氏根据年氏一族的遭际，否定了序文的真实性，进而否定了叙文中提及的朱彝尊撰写《食宪鸿秘》的真实性。这一论证路径，也为后来研究者所沿袭。

不过，这篇序言有一个值得注意的地方，即"珍异相高，郇君夫奇而不法"中的"郇君夫"。如何理解此句？有的学者认为，此处"郇君夫"乃"王君夫"之讹，作者乃用晋人王恺、石崇斗富之事。然而，文献所载二人斗富事，涉及饮食的内容不多，如"王君夫以饴糒澳釜，石季伦用蜡烛作炊"（《世说新语·汰侈第三十》），难与文义中"奇而不法"相契合。有的学者则认为，此处的"郇君夫"乃用唐人韦陟事。史料中关于韦陟讲究饮食的记载颇多，例如《酉阳杂俎》载："其（韦陟）于馔羞犹为精洁，仍以鸟羽择米，每食毕，视厨中所委弃，不啻万钱之直。若宴于公卿，虽水陆具陈，曾不下箸。"唐冯贽《云仙杂记》卷三引《长安后记》载："韦陟厨中饮食之香错杂，人入其中多饱饫而归。语曰：'人欲不饭筋骨舒，夤缘须入郇公厨。'"后世用"郇厨""郇撰"来借指美食。从上述材料中可见，韦陟确实可与"珍异相高""奇而不法"相契合，序文的作者应当是意在用韦陟这一典故。然而，韦陟袭其父封为郇国公，称其为"郇君夫"则未详所以。

翻检历代文献典籍，唯清初陈维崧《陈检讨四六》中有"郇君夫"三字。在《董得仲集序》中陈氏写道："闻之入郇君夫之厨者，鱼腊非珍；睹杜弘治之容者，闾娵非美。"程师恭笺注云："《唐书》韦安石子陟，字殷卿，袭封郇国公。厨中饮食甘美，人多饱饫。时人语曰'人欲不饭筋骨舒，夤缘须入郇公厨'。"指明文中所谓"郇君夫"当指韦陟。不过，程氏后面又注解道："按，汉郇恁字君夫，误用。"程氏认为是陈维崧记混了郇恁、郇国公从而导致行文错讹。但郇恁字君大而非君夫，以"郇君夫"指称韦陟可能是陈维崧的特别用法。

如果以"郇君夫"指称韦陟可能是陈维崧的特别用法，那么《食宪鸿秘》书前这篇署名年希尧的序文便存在为陈维崧所作的可能。倘若这篇序文真的出自陈维崧之手，则《食宪鸿秘》当的确为朱彝尊所编撰。如前所述，因为作为阳羡词开山立派之人，陈维崧曾与同为浙派词首领的朱彝尊一时齐名并称，且曾合刊《朱陈村词》，故而两人是极为熟稔的，序中所言当为事实。

总之，虽然该书作者及具体刊刻年代迄今尚无定论，但仍不影响其为一部饮食佳作。

此次出版，即以上述雍正刊本为底本，予以标点。对于书中的讹误，或据他书重出文献或据上下文义径改，未出校勘记。另外，我们还酌情对个别疑难字句作了注释，并插配了部分图片，希望能够提高读者的阅读体验。因客

观上的时间仓促，主观上的能力所限，书中错讹在所难免，
恳望读者批评指正。

整理者

2023 年 10 月

目　录

序

　　闻之饮食乃民德所关，治庖不可无法；匕箸尤家政所在，中馈亦须示程。古者六谷六牲，膳夫之掌特重；百羞百酱，食医之眡❶维时。制防乎雁翠鸡肝❷，无贪适口；典重乎含桃羞黍❸，实有权衡。菽水亦贵旨甘，知孝子必以洁养。食脍弗厌精细，即圣人不远人情。仅啖庾氏之菹❹，固伤寒俭；漫下何曾之箸❺，亦太猖狂。珍异相高，郇君夫

---

❶ 眡：同"视"，看。

❷ 雁翠鸡肝：指鹅尾肉、鸡肝脏等物不可食用。《礼记·内则》载："雏尾不盈握，弗食；舒雁翠，鹄鸮胖，舒凫翠，鸡肝，雁肾，鸨奥，鹿胃。"雁翠，即鹅尾肉。

❸ 含桃羞黍：指精心挑选的祭献先庙之黍谷、樱桃等物品。《礼记·月会》："天子乃以雏尝黍，羞以含桃，先荐寝庙。"

❹ 庾氏之菹：指南朝齐庾杲清贫，餐餐吃韭菜之事。《南齐书》云："庾杲之清贫自业，食唯有韭菹、瀹韭、生韭杂菜。或戏曰:谁谓庾郎贫，食鲑有二十七种。"

❺ 何曾之箸：指西晋何曾生活奢靡，每日所费达万钱，仍然感叹饭食不好，"无下箸处"。事见《晋书》卷三十三《何曾传》。

奇而不法❶；呫嗟立办，石季伦多而不经❷。倘能斟酌得宜，自足胜侯鲭之味❸；如其滋调失节，即何劳人乳之独❹。盖大德者小物必勤，抑养和者摄生必谨。此竹垞朱先生《食宪谱》之所为作也。

先生相门华胄，慧业文人。书读等身，不止备甘泉之三箧；词流倒峡，何啻对青陵之十条❺。晕碧裁红，有美皆歌亭壁；批风抹月，无奇不入奚囊。时当昭代之右文，士应搜才之旷典。邹枚接迹，待诏金马之门；杨马连镳，齐上玉堂之署。当吹藜珥笔之日，藉甚声华；及归田解组而还，尤工著述。笑击鲜之陆贾，日溷诸郎；学分甘之右军，味沾儿辈。遂以自珍兴膳之所得，出其生平才藻之绪余，用著斯篇，永为成宪。审乎阴阳寒暑之候，而血气均调；酌乎酸城甘滑之宜，而性情俱洽。贵师其意，不须费及朱提；善领其神，自可餐同白玉。奇思巧制，实居金陵七妙之先；取多用宏，疑在内则八珍之上。《馔经》《食品》，逊此宏通；

❶　邬君夫：盖指唐代韦陟。《酉阳杂俎》载："其（韦陟）于馔羞犹为精洁，仍以鸟羽择米，每食毕，视厨中所委弃，不啻万钱之直。若宴于公卿，虽水陆具陈，曾不下箸。"然韦陟袭其父封为郇国公，与"君夫"颇有出入。或疑为"王君夫"之讹，即王恺，字君夫。

❷　"呫嗟立办"句：指王恺与石崇斗富事。

❸　侯鲭之味：即"五侯鲭"，传为汉代娄护合王氏五侯家珍膳而烹饪的杂烩。

❹　人乳之独：即以人奶喂养的猪，事见《世说新语·汰侈第三十》载："烝豚肥美，异于常味。帝怪而问之，答曰以人乳饮豚。"

❺　"书读等身"句：称赞朱彝尊博闻强识、才华出众。

《尔雅》《说文》，方兹考据。何必银罍翠釜，务欲试乎厨娘；直使野蔌山肴，亦可登之天府。

余也香名渴饮，秀句时餐。忽披日用之编，愈见规模之远。虽以盐梅巨手，未和天上之羹；庶几膏泽深情，不暴人间之物。梓公同好，肯如异味之独尝；版任流传，可补齐民之要术。行见悦心悦口，非徒说食之膏盲；养德养身，或亦为功于仁寿云尔。

雍正辛亥仲冬长至后五日，广宁年希尧书。

上　卷

食宪总论

饮食宜忌

五味淡泊，令人神爽气清少病。务须洁。酸多伤脾，咸多伤心，苦多伤肺，辛多伤肝，甘多伤肾。尤忌生冷硬物。

食生冷瓜菜，能暗人耳目。驴马食之，即日眼烂，况于人乎？四时宜戒，不但夏月也。

夏月不问老少吃暖物，至秋不患霍乱吐泻。腹中常暖，血气壮盛，诸疾不生。

饮食不可过多，不可太速。切忌空心茶、饭后酒、黄昏饭。夜深不可醉，不可饱，不可远行。

虽盛暑极热，若以冷水洗手、面，令人五脏干枯，少津液。况沐浴乎？怒后不可便食，食后不可发怒。

凡食物，或伤肺肝，或伤脾胃，或伤心肾，或动风引湿，并耗元气者，忌之。

软蒸饭，烂煮肉，少饮酒，独自宿，此养生妙诀也。脾以化食，夜食即睡，则脾不磨。《周礼》"以乐侑食"，盖脾好音乐耳。闻声则脾健而磨，故音声皆出于脾。夏夜短，晚食宜少，恐难消化也。

新米煮粥，不厚不薄，乘热少食，不问早晚，饥则食，此养生佳境也。身其境者，或忽之。彼奔走名利场者，视此非仙人耶。

饭后徐行数步，以手摩面，摩胁，摩腹，仰而呵气四五口，去饮食之毒。

饮食不可冷，不可过热。热则火气即积为毒，痈疽之类，半由饮食过热及炙煿热性。

伤食饱胀，须紧闭口齿，耸肩上视，提气至咽喉，少顷，复降入丹田，升降四五次，食即化。

治饮食不消，仰面直卧，两手按胸并肚腹上，往来摩运，翻江倒海，运气九口。

酒可以陶性情、通血脉。然过饮则招风败肾，烂肠腐胁，可畏也。饱食后尤宜戒之。

酒以陈者为上，愈陈愈妙。酒戒酸，戒浊，戒生，戒狠暴，戒冷。务清，务洁，务中和之味。

饮酒不宜气粗及速，粗速伤肺。肺为五脏华盖❶，尤不可伤。且粗速无品。

凡早行，宜饮酒一瓯，以御霜露之毒。无酒，嚼生姜一片。烧酒御寒，其功在暂时，而烁精耗血、助火伤目、须发早枯白，禁之可也。惟制药及豆腐、豆豉、卜之类并诸闭气物，

❶ 华盖：本指帝王或贵官车上的伞盖，此处因肺居脏器上端，故称之。

用烧酒为宜。

　　饮生酒、冷酒，久之两腿肤裂出水，疯痹肿，多不可治。或损目。

　　酒后渴，不可饮水及多啜茶。茶性寒，随酒引入肾藏，为停毒之水。令腰脚重坠、膀胱冷痛，为水肿、消渴、挛躄之疾。

　　大抵茶之为物，四时皆不可多饮，令下焦虚冷，不惟酒后也。惟饱饭后一二盏必不可少，盖能消食及去肥浓煎煿之毒故也。空心尤忌之。

　　茶性寒，必须热饮。饮冷茶，未有不成疾者。

　　饮食之人有三：一饇餟❶之人。食量本弘，不择精粗，惟事满腹。人见其蠢，彼实欲副其量，为损为益，总不必计。一滋味之人。尝味务遍，兼带好名。或肥浓鲜爽，生熟备陈，或海错陆珍❷，诼非常馔。当其得味，尽有可口。然物性各有损益，且鲜多伤脾、炙多伤血之类，或毒味不察，不惟生冷发气而已。此养口腹而忘性命者也。至好名费价而味实无足取者，亦复何必？一养生之人。饮必好水，宿水滤净。饭必好米，去砂石、谷稗，兼戒饐❸而餲❹。蔬菜鱼肉但取目前常物。务鲜、务洁、务熟、务烹饪合宜。不事珍奇，而自有真味。不穷炙煿，而足益精神。省珍奇

---

❶ 饇餟：亦作"饇啜"，即吃喝。
❷ 海错陆珍：即山珍海味，山野和海里出产的各种珍贵食品。
❸ 饐：食物腐败发臭。
❹ 餲：食物经久变味。

烹炙之赀，而洁治水、米及常蔬，调节颐养，以和于身，地神仙不当如是耶？

食不须多味，每食只宜一二佳味。纵有他美，须俟腹内运化后再进，方得受益。若一饭而包罗数十味于腹中，恐五脏亦供役不及，而物性既杂，其间岂无矛盾？亦可畏也。

饮之属

从来称饮必先于食，盖以"水生于天，谷成于地，天一生水，地二成之"之义也。故此亦先食而叙饮。

论 水

人非饮食不生，自当以水、谷为主。肴与蔬但佐之，可少可更。惟水、谷不可不精洁。

天一生水。人之先天，只是一点水。凡父母资禀清明、嗜欲恬淡者，生子必聪明寿考，此先天之故也。《周礼》云：饮以养阳，食以养阴。水属阴，故滋阳；谷属阳，故滋阴。以后天滋先天，可不务精洁乎？故凡污水、浊水、池塘死水、雷霆霹雳时所下雨水、冰雪水，雪水亦有用处，但要相制耳。俱能伤人，不可饮。

第一江湖长流宿水

品茶、酿酒贵山泉，煮饭、烹调则宜江湖水。盖江湖内未尝无原泉之性也，但得土气多耳。水要无土滓，又无土性，且水大而流活，其得太阳亦多，故为养生第一。即品泉者，亦必以扬子江心为绝品也。滩岸近人家洗濯处，即非好水。

暴取水亦不佳，与暴雨同。

取水藏水法

不必江湖，但就长流通港内，于半夜后舟楫未行时，泛舟至中流，多带坛瓮取水归，多备大缸贮下。以青竹棍左旋搅百余回，急旋成窝即住手。将箬笠盖好，勿触动。先时留一空缸。三日后，用洁净木杓于缸中心将水轻轻舀入空缸内，舀至七分即止。其周围白滓及底下泥滓连水淘洗，令缸洁净。然后将别缸水如前法舀过。逐缸搬运毕，再用竹棍左旋搅过盖好。三日后舀过缸，剩去泥滓。如此三遍。预备洁净灶锅，专用常煮水旧锅为妙。入水煮滚透，舀取入坛。每坛先入上白糖霜三钱于内，然后入水，盖好。停宿一二月，取供煎茶，与泉水莫辨。愈宿愈好。煮饭用湖水宿下者乃佳。即用新水，亦须以绵绸滤去水中细虫。秋冬水清。春夏必有细虫、杂滓。

第二山泉雨水 烹茶宜

山泉亦以源远流长者为佳。若深潭停蓄之水，无有来源，且不流出，但从四山聚入者，亦防有毒。

雨水亦贵久宿。入坛用炭火煞过。黄梅天暴雨水，极淡而毒，饮之损人，着衣服上即霉烂，用以煎胶矾制画绢，不久碎裂，故必久宿乃妙。久宿味甜。三年陈梅水，凡洗书画上污迹及泥金澄漂必须之，至妙物也。

凡作书画，研墨著色必用长流好湖水。若用梅水、雨水则胶散。用井水则咸。

第三井花水

煮粥，必须井水，亦宿贮为佳。

盥面必须井花水，平旦第一汲者名井花水，轻清斥润。则润泽益颜。

凡井水澄蓄一夜，精华上升，故第一汲为最妙。每日取斗许入缸，盖好宿下，用盥面佳。即用多汲，亦必轻轻下绠，重则浊者泛上不堪。凡井久无人汲取者，不宜即供饮。

白滚水

空心嗜茶，多致黄瘦或肿癖，忌之。

晨起，先饮白滚水为上。夜睡火气郁于上部，胸膈未舒，先开道之，使开爽。淡盐汤或白糖或诸香露皆妙。即服药，亦必先饮一二口汤乃妙。

福橘汤

福橘饼撕碎，滚水冲饮。橘膏汤制法见果门。

橄榄汤

橄榄数枚，木槌击破，入小砂壶，注滚水盖好，停顷作饮。刀切作黑锈，作腥，故须木槌击破。

杏仁汤

　　杏仁煮，去皮、尖。换水浸一宿。如磨豆粉法，澄去水，加姜汁少许，白糖点注，或加酥蜜。北方土燥故也。

暗香汤

　　腊月早梅，清晨摘半开花朵，连蒂入瓷瓶。每一两许用炒盐一两洒入，勿用手抄坏，箬叶厚纸密封。入夏取开，先置蜜少许于杯内，加花三四朵，滚汤注入，花开如生可爱，充茶香甚。

须问汤

　　东坡居士歌括云：三钱生姜干为末一斤枣干用，去核，二两白盐飞过，炒黄一两草炙，去皮。丁香木香各半钱，约略陈皮一处捣。煎也好，点也好，红白容颜直到老。

风髓汤

　　润肺，疗咳嗽。

　　松子仁、核桃仁汤浸，去皮各一两，蜜半斤。先将二仁研烂，次入蜜和匀，沸汤点服。

芝麻汤

　　通心气，益精髓。

　　干莲实一斤，带黑壳炒极燥，捣罗极细末，粉草一两，微炒，磨末，和匀。每二钱入盐少许，沸汤点服。

柏叶汤

采嫩柏叶，线缚，悬大瓮中，用纸糊。经月取用。如未甚干，更闭之。至干，取为末，入锡瓶。点汤，嫩草色。夜话饮之，尤醒酒益人。

新采洗净，点汤更妙。

乳酪方

从乳出酪，从酪出酥，从生酥出熟酥，从熟酥出醍醐。

牛乳一碗，或羊乳。搀水半盅，入白面三撮，滤过下锅，微火熬之。待滚，下白糖霜。然后用紧火，将木杓打一会，熟了再滤入碗。糖内和薄荷末一撮，更佳。

奶子茶

粗茶叶煎浓汁，木杓扬之，红色为度。用酥油及研碎芝麻滤入，加盐或糖。

杏　酪

京师甜杏仁，用热水泡，加炉灰一撮入水，候冷即捏去皮，用清水漂净。再量入清水，如磨豆腐法带水磨碎，用绢袋榨汁去渣。以汁入锅煮熟，加白糖霜，热噉。或量加牛乳，亦可。

清代晚期黄酒坛（故宫博物院藏）

麻 腐

芝麻略炒微香，磨烂加水，生绢滤过，去渣取汁，煮熟，入白糖，热饮为佳。或不用糖，用少水凝作腐，或煎或入汤，供素馔。

酒

《饮膳标题》云：酒之清者曰酿，浊者曰盎；厚曰醇，薄曰醨；重酿曰酎；一宿曰醴；美曰醑；未榨曰醅；红曰醍，绿曰醽，白曰醝。

又《说文》"酴，酒母也"，"醴，甘酒一宿熟也"，"醪，汁滓酒也"，"酎宙，三重酒也"，"醨，薄酒也"，"醑，茜缩酒，醇酒也"。

又《说文》：酒白谓之醙。醙者，坏饭也，老也。饭老即坏，不坏即酒不甜。又曰：投者，再酿也。《齐民要术》桑落酒有六七投者。酒以投多为善。酿而后坏则甜，未酿先坏则酸，酿力到而饭舒徐以坏，则不甜而妙。

酒 酸

用赤小豆一升，炒焦，袋盛，入酒坛，则转正味。

北酒：沧、易、潞❶酒皆为上品。而沧酒尤美。

南酒：江北则称高邮五加皮酒及木瓜酒，而木瓜酒为

---

❶ 沧、易、潞：指沧州、易州、潞州，即今沧州、保定及长治等地。

良。江南则镇江百花酒为上。无锡陈者亦好。苏州状元红品最下。扬州陈苦醇亦可。总不如家制三白酒，愈陈愈好。南浔竹叶清，亦为妙品。此外尚有瓮头春、琥珀光、香雪酒、花露白、妃醉、蜜淋漓等名，俱用火酒促脚，非常饮物也。

饭之属

论米谷

食以养阴。米谷得阳气而生，补气正以养血也。

凡物久食生厌。惟米谷禀天地中和之气，淡而不厌，甘而非甜，为养生之本，故圣人"食不厌精"。夫粒食为人生不容已之事，苟遇凶荒贫乏，无可如何耳。每见素封者，仓廪充积而自甘粗粝，砂砾、秕糠杂以稗谷，都不拣去。力能洁净，而乃以肠胃为砥石，可怪也。古人以食为命，彼岂以命为食耶？略省势利奔竞之费，以从事于精凿，此谓知本。

谷皮及芒最磨肠胃，小儿肠胃柔脆，尤宜检净。

蒸　饭

北方捞饭去汁而味淡，南方煮饭味足，但汤水、火候难得恰好，非馇则太硬，亦难适口。惟蒸饭最适中。

粉之属

粳米粉

白米磨细，为主，可炊松糕。炙燥糕。

糯米粉

磨、罗并细，为主，可饼可炸，可糁食。

水米粉

如磨豆腐法，带水磨细。为元宵圆，尤佳。

碓　粉

石臼杵极细，制糕软、燥皆宜，意致与磨粉不同。

黄米粉

冬老米磨，入八珍糕或糖和，皆可。

藕　粉

老藕切段，浸水。用磨一片架缸上，将藕就磨磨擦，淋浆入缸，绢袋绞滤，澄去水，晒干。每藕二十斤，可成一斤。

藕节粉，血症人服之，尤妙。

鸡豆粉

新鸡豆晒干，捣去壳，磨粉，作糕佳，或作粥。

栗子粉

山栗切片，晒干磨粉，可糕可粥。

菱角粉

去皮捣，滤成粉。

松柏粉

带露取嫩叶，捣汁澄粉，绿香可爱。

山药粉

鲜者捣，干者磨。可糕可粥，亦可入肉馔。

蕨　粉

作饼饵食，甚妙。有治成货者。

莲子粉

干莲子，捣碎去心，磨粉。

煮　面

面不宜生水过。用滚汤温过，妙。冷淘脆烂。

面　毒

用黑豆汁和面，再无面毒。

粥之属

煮　粥

凡煮粥，用井水则香，用河水则淡而无味。然河水久宿，煮粥亦佳；井水经暴雨过，亦淡。

神仙粥

治感冒、伤风初起等症。

糯米半合，生姜五大片，河水二碗，入砂锅煮二滚，加入带须葱头七八个，煮至米烂，入醋半小盅，乘热吃。或只吃粥汤，亦效。米以补之，葱以散之，醋以收之，三合甚妙。

胡麻粥

胡麻去皮蒸熟，更炒令香，每研烂二合，同米三合煮粥。胡麻皮肉俱黑者更妙，乌须发，明目补肾，仙家美膳。

薏苡粥

薏米虽舂白，而中心有坳，坳内糙皮如梗，多耗气。法当和水同磨，如磨豆腐法，用布滤过，以配芡粉、山药，乃佳。薏米治净，停对白米煮粥。

山药粥

补下元 ❶。

怀山药为末，四六分配米煮粥。

芡实粥

益精气，广智力，聪耳目。

芡实去壳，新者研膏，陈者磨粉，对米煮粥。

莲子粥

治同上。

去皮、心，煮烂，捣，和入糯米煮粥。

肉　粥

白米煮成半饭，碎切熟肉如豆，加笋丝、香蕈、松仁，入提清美汁，煮熟。咸菜采嗷佳。

羊肉粥

治羸弱，壮阳。

蒸烂羊肉四两，细切。加入人参、白茯苓各一钱，黄芪五分，俱为细末。大枣二枚，细切，去核。粳米三合。飞盐二分。煮熟。

---

❶ 下元：中医指肾气。

饵之属

顶酥饼

生面，水七分、油三分和稍硬，是为外层。硬则入炉时皮能顶起一层；过软则粘，不发松。生面每斤入糖四两，纯油和，不用水，是为内层。擀须开，折须多遍，则层多。中层裹馅。

雪花酥饼

与顶酥面同。皮三瓤七，则极酥。入炉，候边干定为度。否则皮裂。

蒸酥饼

笼内着纸一层，铺面四指，横顺开道，蒸一二炷香，再蒸更妙。取出，趁热用手搓开，细罗罗过，晾冷，勿令久阴湿。候干，每斤入净糖四两、脂油四两、蒸过干粉三两，搅匀，加温水和剂，包馅，模饼。

薄脆饼

蒸面，每斤入糖四两、油五两，加水和，擀开半指厚，取圆，粘芝麻，入炉。

裹馅饼

即千层饼也。面与顶酥瓤同。内包白糖，外粘芝麻，入炉，要见火色。

千层薄脆饼

此裹馅饼也。生面六斤、蒸面四斤、脂油三斤、蒸过豆粉二斤，温水和，包馅，入炉。

炉　饼

蒸面，用蜜、油停对和匀，入模。蜜四油六则太酥，蜜六油四则太甜，故取平。

玉露霜

天花粉四两、干葛一两、桔梗一两、俱为面。豆粉十两，四味搅匀。干薄荷用水洒润，放开，收水迹，铺锡盂底，隔以细绢，置粉于上，再隔绢一层，又加薄荷。盖好封固，重汤煮透，取出冷定。隔一二日取出，加白糖八两和匀，印模。

一方止用绿豆粉、薄荷，内加白檀末。

内府玫瑰火饼

面一斤、香油四两、白糖四两热水化开，和匀作饼。用制就玫瑰糖，加胡桃白仁、榛松瓜子仁、杏仁、煮七次，去皮尖。薄荷及小茴香末擦匀作馅。两面粘芝麻，煠热。

松子海啰嗻

糖卤入锅熬一饭顷，搅冷，随手下炒面，旋下剁碎松子仁，搅匀，拨案上，先用酥油抹案。擀开，乘温切象眼块。
冷切恐碎。

椒盐饼

白糖二斤、香油半斤、盐半两、椒末一两、茴香末一两，
和面为瓤，更入芝麻粗屑尤妙。每一饼夹瓤一块，擀薄，煿之。

又法：汤、油对半和面，作外层，内用瓤。

糖薄脆

面五斤，糖一斤四两，清油一斤四两，水二碗，加酥油、
椒盐水少许，搜和成剂，擀薄如茶杯口大，芝麻撒匀，煿熟。
香脆。

晋府千层油旋烙饼

此即虎丘蓑衣饼也。白面一斤，白糖二两，水化开，
入真香油四两，和面作剂，擀开。再入油成剂，擀开。再
入油成剂，再擀。如此七次。火上烙之，甚美。

到口酥

酥油十两，化开，倾盆内，入白糖七两，用手擦极匀。
白面一斤，和成剂，擀作小薄饼，拖炉微火煿。

或印或饼上裁松子仁，即名松子饼。

素焦饼

瓜、松、榛、杏等仁，和白面捣，印烙饼。

荤焦饼

焦熟鸡削薄片，晒干为末，和匀面，烙饼。

又虾米末，亦妙。

芋 饼

生芋捣碎，和糯米粉为饼，随意用馅。

韭饼荠菜同法

好猪肉细切臊子，油炒半熟，或生用。韭生用，亦细切，花椒、砂仁酱拌。擀薄面饼，两合拢边，煤之。北人谓之"合子"。

光烧饼

即北方代饭饼。每面一斤，入油半两、炒盐一钱，冷水和，骨鲁槌擀开，鏊上煿，待硬，缓火烧热。极脆美。

豆膏饼

大黄豆炒，去皮为末，白糖、芝麻、香油和匀。

酥油饼

油酥面四斤、蜜二两、白糖一斤，搜和印饼，上炉。

民国时期济南街头售卖大饼的情景（选自"华北交通写真"数据库）

山药膏

山药蒸将熟，搅碎，加白糖、淡肉汤煮。

绿豆糕

绿豆用小磨磨去皮，凉水过净，蒸熟，加白糖捣匀，切块。

八珍糕

山药、扁豆各一斤，苡仁、莲子、芡实、茯苓、糯米各半斤，白糖一斤。

栗 糕

栗子风干剥净，捣碎磨粉，加糯米粉三之一，糖和，蒸熟炒。

水明角儿

白面一斤，逐渐撒入滚汤，不住手搅成稠糊，划作一二十块，冷水浸至雪白，放稻草上拥出水，豆粉对配，作薄皮，包馅蒸，甚妙。

油餀儿

白面入少油，用水和剂，包馅作餀儿，油煎。馅同肉饼法。

面 鲊

麸切细丝一斤，杂果仁细料一升，笋、姜各系，熟芝麻、花椒二钱，砂仁、茴香末各半钱，盐少许，熟油拌匀。

或入锅炒为齑，亦可。

面 脯

蒸熟麸，切大片，香料、酒、酱煮透，晾干，油内浮煎。

响面筋

面筋切条，压干，入猪油炸过，再入香油炸，笊起，椒、盐、酒拌。入齿有声。不经猪油，不能坚脆也。

制就，入糟油或酒酿浸食，更佳。

熏面筋

细麸切方寸块，煮一过，榨干，入甜酱内一二日，取出抹净，用鲜虾煮汤，虾多水少为佳，用虾米汤亦妙。加白糖些少，入浸一宿，或饭锅炖。取起，搁干炭火上微烘干，再浸虾汤内，取出再烘干。汤尽，入油略沸，捞起搁干，熏过收贮。

虾汤内再加椒、茴末。

馅 料

核桃肉、白糖对配，或量加蜜，或玫瑰、松仁、瓜仁、榛、杏。

糖 卤

凡制甜食，须用糖卤。内府方也。

每白糖一斤，水三碗，熬滚。白绵布滤去尘垢，原汁入锅再熬，手试之稠粘为度。

制酥油法

牛乳入锅熬一二沸，倾盆内冷定，取面上皮。再熬，再冷，可取数次皮。将皮入锅煎化，去粗渣收起，即是酥油。
留下乳渣，如压豆腐法压用。

乳　滴

南方呼焦酪。牛乳熬一次，用绢布滤冷水盆内。取出
再熬，再倾入水。数次，膻气净尽。入锅，加白糖熬热，
用匙取乳，滴冷水盆内，水另换。任成形象。或加胭脂、栀
子各颜色，美观。

阁老饼

丘琼山❶尝以糯米淘净，和水粉，沥干，计粉二分白
面一分，其馅随用，煠熟为供，软腻甚适口。

玫瑰饼

玫瑰捣去汁，用渗入白糖，模饼。玫瑰与桂花去汁而
香不散，他花不然。野蔷薇、菊花及叶俱可去汁。桂花饼
同此法。

薄荷饼

鲜薄荷同糖捣，可膏可饼。

---

❶ 丘琼山：即丘濬（1420—1495），字仲深，海南岛琼山西厢
（今府城下田村）人。明代中期著名的思想家、文学家，被史学
界誉为"有明一代文臣之宗"。

杞 饼

枸杞去核，白糖拌捣，模饼，可点茶。松仁饼同法。

菊 饼

黄甘菊去蒂，捣去汁，白糖和匀，印饼。

加梅卤成膏，不枯可久。

山楂膏

冬月山楂，蒸烂去皮核净。每斤入白糖四两，捣极匀，加红花膏并梅卤少许，色鲜不变。冻就，切块，油纸封好。外涂蜂蜜，瓷器收贮，堪久。

梨 膏

或配山楂一半。梨去核净捣，出自然汁，慢火熬如稀糊。每汁十斤，入蜜四斤，再熬，收贮。

乌葚膏

黑桑葚取汁，拌白糖晒稠。量入梅肉及紫苏末，捣成饼，油纸包，晒干，连纸收。色黑味酸，咀之有味。雨天润泽，经岁不枯。

核桃饼

核桃肉去皮，和白糖，捣如泥，模印。稀不能持，蒸江米饭，摊冷，加纸一层，置饼于上一宿，饼实而米反稀。

橙　膏

黄橙四两，用刀切破，入汤煮熟。取出，去核捣烂，加白糖，稀布滤汁，盛瓷盘，再炖过。冻就，切食。

煮莲肉

水极滚时下锅，则易烂而松腻。

莲子缠

莲肉一斤，泡去皮、心，煮熟。以薄荷霜二两、白糖二两裹身，烘焙干。入供。

杏仁、榄仁、核桃同此法。

芰什麻

南方谓之"浇切"。白糖六两、饧糖二两，慢火熬。试之稠粘，入芝麻一升、炒面四两，和匀。案上先洒芝麻，使不粘，乘热拨开，仍洒芝麻末，骨鲁槌擀开，切象眼块。

上清丸

南薄荷一斤，百药煎一斤，寒水石煅、元明粉、桔梗、诃子肉、南木香、人参、乌梅肉、甘松各一两，柿霜二两，细茶一钱，甘草一斤，熬膏。或加蜜一二两熬，和丸如白果大。每用一丸，噙化。

梅苏丸

乌梅肉二两、干葛六钱、檀香一钱、苏叶三钱、炒盐一钱、白糖一斤，共为末。乌梅肉捣烂，为丸。

蒸裹粽

上白糯米蒸熟，和白糖拌匀，用竹叶裹小角儿，再蒸。核桃肉、薄荷末拌匀作馅，亦妙。剥开油煎，更佳。

香茶饼

甘松、白豆蔻、沉香、檀香、桂枝、白芷各三钱，孩儿茶、细茶、南薄荷各一两，木香、藁本各一钱，共为末。入片脑五分，甘草半斤，细剉，水浸一宿，去渣，熬成膏，和剂。

又　方

檀香一两，沉香一钱，薄荷、诃子肉、儿茶、甘松、硼砂各一两，乌梅肉五钱，共为末。甘草一斤，用水七斤，熬膏为丸。加冰片少许，尤妙。

酱之属

合　酱

今人多取正月晦日合酱。是日偶不暇为，则云时已失。大误也。按，古者王政重农，故于农事未兴之时，俾民乘暇备一岁调鼎之用，故云"雷鸣不作酱"，恐二三月间夺农事也。今不躬耕之家，何必以正晦为限？亦不须避雷，但要得法耳。李济翁《资暇录》。

飞　盐

古人调鼎，必曰盐梅。知五味以盐为先。盐不鲜洁，纵极烹饪，无益也。用好盐，入滚水泡化，澄去石灰、泥滓，入锅煮干，入馔不苦。

甜　酱

伏天取带壳小麦淘净，入滚水锅，即时捞出。陆续入，即捞，勿久滚。捞毕，滤干水，入大竹箩内，用黄蒿盖上。三日后取出，晒干。至来年二月，再晒。去膜播净，磨成细面。罗过，入缸内，量入盐水，夏布盖面，日晒成酱。味甜。

甜酱方

用面不用豆。二月。白面百斤，蒸成大卷子，劈作大块，装蒲包内按实，盛箱发黄。大约面百斤成黄七十五斤。七日取出，不论干湿，每黄一斤，盐四两。将盐入滚水化开，澄去泥滓，入缸，下黄。将熟，用竹格细搅过，勿留块。

酱　油

黄豆或黑豆煮烂，入白面，连豆汁揣和使硬。或为饼，或为窝。青蒿盖住，发黄，磨末，入盐汤，晒成酱。用竹

民国时期店铺售卖酱油的场景（选自"华北交通写真"数据库）

篾密挣缸下半截，贮酱于上，沥下酱油。或生绢袋盛滤。

豆酱油

黑豆煮烂，滤起，放席上窝七日，取出，晒干。揣去皮，加盐，入豆汁，汁少添水，同入缸，日晒至红色。逐日将面上酱油撇起，撇至干，剩豆别用。

秘传酱油方

好豆渣一斗，蒸极熟，好麸皮一斗，拌和，合成黄子。甘草一斤，煎浓汤约十五六斤，好盐二斤半，同入缸，晒熟。滤去渣，入瓮，愈久愈鲜，数年不坏。

甜　酱

白豆炒黄，磨极细粉，对面，水和成剂。入汤煮熟，切作糕片，合成黄子。捶碎，同盐瓜、盐卤层叠入瓮，泥头。十个月成酱，极甜。

一料酱方

上好陈酱五斤、芝麻二升炒、姜丝五两、杏仁二两、砂仁二两、陈皮三两、椒末一两、糖四两，熬好菜油，炒干入篓，暑月行千里不坏。

糯米酱方

糯米一小斗，如常法做成酒，带糟。入炒盐一斤，淡豆豉半斤，花椒三两，胡椒五钱，大茴香、小茴香各二两，干姜二两，以上和匀磨细，即成美酱，味最佳。

鲲　酱 ❶

虾酱同法。

鱼子去皮、沫，勿见生水，和酒、酱油磨过。入香油打匀，晒搅，加花椒、茴香、晒干成块。加料及盐、酱，抖开再晒，方妙。

---

❶ 鲲酱：即鱼子酱。

腌肉水

腊月腌肉，剩出来盐水，投白矾少许，浮沫俱沉。澄去滓，另器收藏。夏月煮鲜肉，味美堪久。

腌　雪

腊雪拌盐贮缸，入夏取水一杓煮鲜肉，不用生水及盐、酱，肉味如暴腌，中边加透，色红可爱，数日不坏。

用制他馔及合酱，俱妙。

芥　卤

腌芥菜盐卤，煮豆及萝卜丁，晒干，经年可食。

入坛封固，埋土。三年后，化为泉水。疗肺痈、喉鹅。

笋　油

南方制咸笋干，其煮笋原汁与酱油无异，盖换笋而不换汁故。色黑而润，味鲜而厚，胜于酱油，佳品也。山僧受用者多，民间鲜制。

神　醋

六十五日成。五月二十一日淘米，每日淘一次，淘至七次，蒸饭熟。晾冷入坛，用青夏布扎口，置阴凉处。坛须架起，勿著地。六月六日取出，重量一碗饭、两碗水入坛。每七打一次。打至七次，煮滚，入炒米半斤，于坛底装好，泥封。

神仙醋

六月一日浸米一斗，日淘转三次，六日蒸饭，十二日入瓮。每饭一盏，入水二盏，日淘二次。白露日沥煮。色如朱桔，香、味俱佳。封二年后，尤妙。

醋　方

老黄米一斗，蒸饭；酒曲一斤四两，打碎，拌入瓮。一斗饭，二斗水。置净处，要不动处，一月可用。

大麦醋

大麦仁，蒸一斗，炒一斗，晾冷。用曲末八两拌匀，入坛。煎滚水四十斤注入，夏布盖。日晒，时移向阳。三七日成醋。

神仙醋

午日起，取饭锅底焦皮，捏成团，投筐内悬起。日投一个，至来年午日，捶碎播净，和水入坛，封好。三七日成醋，色红而味佳。

收醋法

头醋滤清，煎滚入坛。烧红火炭一块投入，加炒小麦一撮，封固，永不败。

甜　糟

上白江米二斗，浸半日，淘净，蒸饭，摊冷，入缸。用蒸饭汤一小盆作浆，小曲六块，捣细罗末，拌匀。用南方药末，更妙。中挖一窝，周围按实，用草盖盖上，勿太冷太热，七日可熟。将窝内酒酿撇起，留糟。每米一斗，入盐一碗。橘皮细切，量加。封固，勿使蝇虫飞入。听用。

或用白酒甜糟。每斗入花椒三两、大茴二两、小茴一两、盐二升、香油二斤拌贮。

制香糟

江米一斗，用神曲十五两、小曲十五两，用引酵酿就。入盐十五两，搅转，入红曲末一斤，花椒、砂仁、陈皮各三钱，小茴一钱，俱为末和匀，拌入，收坛。

糟　油

做成甜糟十斤、麻油五斤、上盐二斤八两、花椒一两，拌匀。先将空瓶用稀布扎口，贮瓮内，后入糟封固。数月后，空瓶沥满，是名糟油，甘美之甚。

又

白甜酒糟连酒在内不榨者五斤、酱油二斤、花椒五钱，入锅烧滚，放冷，滤净。与糟内所淋无异。

制芥辣

芥子一合，入盆擂细。用醋一小盏，加水和调，入细绢挤出汁，置水缸凉处。临用，再加酱油、醋调和，甚辣。

梅　酱

三伏取熟梅，捣烂，不见水，不加盐，晒十日。去核及皮，加紫苏，再晒十日，收贮。用时，或入盐，或入糖。梅经伏日晒，不坏。

咸梅酱

熟梅一斤，入盐一两，晒七日。去皮核，加紫苏，再晒二七日，收贮。点汤、和冰水消暑。

甜梅酱

熟梅，先去皮，用丝线刻下肉，加白糖拌匀。重汤炖透，晒一七，收藏。

梅　卤

腌青梅，卤汁至妙。凡糖制各果，入汁少许，则果不坏而色鲜不退。此丹头也。代醋拌蔬，更佳。

豆　豉

大青豆一斗，浸一宿，煮熟。用面五斤，缠衣，摊席上晾干。楮叶盖，发中黄。淘净。苦瓜皮十斤，去内白一层，切作丁。盐腌，榨干。飞盐五斤，或不用。杏仁四升，约二斤。煮七次，去皮、尖。若京师甜杏仁，泡一次。生姜五斤，刮去皮，切丝。或用一二斤。花椒半斤，去梗目。或用两许。薄荷、香菜、紫苏叶五两，三味不拘。俱切碎。陈皮半斤或六两，去白，切丝。大茴香、砂仁各四两，或并用小茴四两、甘草六两。白豆蔻一两，或俱不用。草果十枚，或不用。荜拨、良姜各三钱，或俱不用。官桂五钱，共为末，合瓜、豆拌匀，装坛。用金酒、好酱油对和加入，约八九分满。包好。数日开看，如淡，加酱油；如咸，加酒。泥封固，晒，伏制秋成，味美。

大黑豆、大黄豆俱可用

水豆豉

好黄子十斤，下缸，入金华甜酒十碗，次入盐水，先一日用好盐四十两，入滚汤二十碗化开，澄定用。搅匀。晒四十九日毕，方下大、小茴香末各一两，草果、官桂末各五钱，木香末三钱，陈皮丝一两，花椒末一两，干姜丝半斤，杏仁一斤，各料和入缸内，又打又晒，三日装入坛，隔年方好。蘸肉吃，更妙。

酒豆豉

黄子一斗五升、去面净。茄五斤、瓜十二斤、姜丝十四两、橘丝不拘、小茴一斤、炒盐四斤六两、青椒一斤，共拌入瓮，捺实。倾金华甜酒或酒酿浸，浮二寸许，箬包固，泥封。

坛上记字号。轮四面晒，四十九日满，倾大盆内，晒干为度。晒时以黄草布盖好，勿令蝇入。

香豆豉

制黄子，以三月三日、五月五日。

大黄豆一斗，水淘净，浸一宿，滤干。笼蒸熟透，冷一宿，细面拌匀。逐颗散开。摊箔上，箔离地一二尺。上用楮叶，箔下用蒿草密覆，七日成黄衣。晒干，簸净。加盐二斤，草果去皮十个，莳萝二两，小茴、花椒、官桂、砂仁等末各二两，红豆末五钱，陈皮、橙皮切丝，各五钱，瓜仁不拘，杏仁不拘，苏叶切丝，二两、甘草去皮切，一两，薄荷叶切，一两，生姜临时切丝，二斤，菜瓜切丁，十斤，以上和匀，于六月六日下，不用水。一日拌三五次，装坛。四面轮日，晒三七日，倾出。晒半干，复入坛。用时或用油拌，或用酒酿拌，即是湿豆豉。

熟茄豉

茄子用滚水沸过，勿太烂。用板压干，切四开。生甜瓜他瓜不及切丁，入少盐晾干。每豆黄一斤，茄对配，瓜丁及香料量加，用好油四两、好陈酒十二两拌，晒透入坛。晒。妙甚。豆以黑烂淡为佳。

燥豆豉

大黄豆一斗，水浸一宿。茴香、花椒、官桂、苏叶各二两，甘草五钱，砂仁一两，盐一斤，酱油一碗，同入锅，加水浸豆三寸许，烧滚。停顿，看水少，量加热水，再烧。熟烂，取起沥汤，烈日晒过。仍浸原汁。日晒夜浸，汁尽豆干。坛贮，任用。干后再用烧酒拌润，晒干，更妙。

松豆 陈眉公❶方

大白圆豆，五日起，七夕止，日晒夜露。雨则收过。毕，用太湖沙或海沙入锅炒，先入沙炒热，次入豆。香油熬之。用筛筛去沙，豆松无比，大如龙眼核。或加油、盐，或砂仁酱，或糖卤拌，俱可。

豆　腐

干豆轻磨，拉去皮，簸净。淘浸磨浆，用绵绸沥出。用布袋绞揉则粗。勿揭起皮，取皮则精华去，而腐粗懈。盐卤点就，压干者为上。或用石膏点，食之去火。然不中庖厨制度。北方无盐卤，用酸泔。

建腐乳

如法豆腐，压极干。或绵纸裹，入灰收干。切方块，排列蒸笼内，每格排好，装完，上笼盖。春二三月，秋九十月，架放透风处。浙中制法：入笼上锅蒸过，乘热置笼于稻草上，周围及顶俱以砻糠埋之。须避风处。五六日，生白毛。毛色渐变

❶ 陈眉公：即陈继儒（1558—1639），字仲醇，号眉公、麋公，松江府华亭（今上海市松江区）人。明代著名书画家、文学家。尝著《养生肤语》，讲解饮食调摄诸法。

黑或青红色，取出，用纸逐块拭去毛翳，勿触损其皮。浙中法：
以指将毛按实腐上，鲜。每豆一斗，用好酱油三斤、炒盐一斤
入酱油内，如无酱油，炒盐五斤。鲜色红曲八两，拣净茴香、花椒、
甘草不拘多少，俱为末，与盐酒搅匀。装腐入罐，酒料加
入，浙中腐出笼后，按平白毛，铺在缸盆内。每腐一块，撮盐一撮于上，
淋尖为度。每一层腐，一层盐。俟盐自化，取出日晒，夜浸卤内。日晒
夜浸，收卤尽为度，加料酒入坛。泥头封好，一月可用。若缺一日，
尚有腐气未尽。若封固半年，味透，愈佳。

一　方

不用酱。每腐十斤，约盐三斤。

熏豆腐

得法豆腐压极干，盐腌过，洗净，晒干。涂香油熏之。

又

豆腐腌、洗、晒后，入好汁汤煮过，熏之。

凤凰脑子

好腐腌过，洗净，晒干。入酒酿糟糟透，妙甚。每腐一斤，
用盐三两腌，七日一翻，再腌七日，晒干。将酒酿连糟捏
碎，一层糟，一层腐，入坛内。越久越好。每二斗米酒酿，
糟腐二十斤。腐须定做极干，盐卤沥者。

酒酿用一半糯米、一半粳米，则耐久不酸。

糟乳腐

制就陈乳腐，或味过于咸，取出，另入器内。不用原汁，用酒酿、甜糟层层叠糟，风味又别。

冻豆腐

严冬，将豆腐用水浸盆内，露一夜。水冰而腐不冻，然腐气已除。味佳。

或不用水浸，听其自冻，竟体作细蜂窠状。洗净，或入美汁煮，或油炒，随法烹调，风味迥别。

腐　干

好腐干，用腊酒酿、酱油浸透，取出。入虾子或虾米粉同研匀，做成小方块。砂仁、花椒细末掺上，熏干。熟香油涂上，再熏。收贮。

酱油腐干

好豆腐压干，切方块。将水酱一斤，如要赤，内用赤酱少许。用水二斤，同煎数滚，以布沥汁。次用水一斤，再煎前酱渣数滚，以酱淡为度。仍布沥汁，去渣。然后合并酱汁。入香蕈、丁香、白芷、大茴香、桧皮各等分。将豆腐同入锅，煮数滚，浸半日。其色尚未黑，取起令干。隔一夜，再入汁内煮数次，味佳。

民国时期北京街头所售卖的豆腐干（选自"华北交通写真"数据库）

豆腐脯

好腐油煎，用布罩密盖，勿令蝇虫入。候臭过，再入滚油内沸，味甚佳。

豆腐汤

先以汁汤入锅，调味得所，烧极滚。然后下腐，则味透而腐活。

煎豆腐

先以虾米凡诸鲜味物浸开，饭锅炖过，停冷。入酱油、酒酿得宜，候着。锅须热，油须多，熬滚，将腐入锅，腐响热透。然后将虾米并汁味泼下，则腐活而味透，迥然不同。

笋　豆

鲜笋切细条，同大青豆加盐水煮熟。取出，晒干。天阴，炭火烘。再用嫩笋皮煮汤，略加盐，滤净，将豆浸一宿，再晒。日晒夜浸多次，多收笋味为佳。

茄　豆

生茄切片，晒干。大黑豆、盐、水同煮极熟。加黑沙糖。即取豆汁，调去沙脚，入锅再煮一顿，取起，晒干。

蔬之属

京师腌白菜

冬菜百斤，用盐四斤，不甚咸。可放到来春。由其天气寒冷，常年用盐，多至七八斤，亦不甚咸。朝天宫冉道士菜一斤，止用盐四钱。

南方盐薤菜，每百斤亦止用盐四斤，可到来春。取起，河水洗过，晒半干。入锅烧熟，再晒干。切碎，上笼蒸透。再晒，即为梅菜。

北方黄芽菜腌三日可用，南方腌七日可用。

腌菜法

白菜一百斤，晒干，勿见水。抖去泥，去败叶。先用盐二斤，叠入缸。勿动手，腌三四日。就卤内洗，加盐，

民国时期北京广安门外收取大白菜的场景（选自"华北交通写真"数据库）

层层叠入坛内，约用盐三斤。浇以河水，封好，可长久。腊月做。

又

冬月白菜，削去根，去败叶，洗净，挂干。每十斤，盐十两。用甘草数根，先放瓮内，将盐撒入菜丫内，排入瓮中。入莳萝少许，椒末亦可，以手按实。再入甘草数根，将菜装满，用石压面。三日后取菜，翻叠别器内。器忌生水。将原卤浇入。候七日，依前法翻叠。叠实，用新汲水加入。仍用石压。味美而脆。至春间食不尽者，煮晒干收贮。夏月温水浸过，压去水，香油拌，放饭锅蒸食，尤美。

菜 齑

大菘菜即芥菜洗净，将菜头"十"字劈裂。莱菔取紧小者，切作两半。俱晒去水脚。薄切小方寸片，入净罐。加椒末、茴香，入盐、酒、醋，擎罐摇播数十次，密盖罐口，置灶上温处，仍日摇播一响。三日后可供，青白间错，鲜洁可爱。

酱 芥

拣好芥菜，择去败叶，洗净，将绳挂背阴处。用手频揉，揉二日后软熟。剥去边叶，止用心，切寸半许。熬油入锅，加醋及酒并少水烧滚，入菜。一焯过，趁热入盆，用椒末、酱油浇拌，急入坛，灌以原汁。用凉水一盆，浸及坛腹，勿封口。二日方扎口收用。

醋 菜

黄芽菜，去叶，晒软。摊开菜心更晒，内外俱软。用炒盐叠一二日，晾干，入坛。一层菜一层茴香、椒末，按实，用醋灌满。三四十日可用。醋亦不必甚酽者。各菜俱可做。

姜醋白菜

嫩白菜，去边叶，洗净，晒干。止取头刀、二刀，盐腌，入罐。淡醋、香油煎滚，一层菜一层姜丝，泼一层油醋。封好。

覆水辣芥菜

芥菜，只取嫩头细叶长一二寸及丫内小枝，晒十分干，炒盐拿❶。拿透，加椒、茴末拌匀，入瓮按实。香油浇满罐口，或先以香油拌匀更妙，但嫌累手故耳。俟油沁下菜面，或再斟酌加油。俟沁透，用箬盖面，竹签十字撑紧。将罐覆盆内，俟油沥下七八，油仍可用。另用盆水覆罐口，入水一二寸。每日一换水，七日取起。覆罐干处，用纸收水迹。包好，泥封。入夏取出，翠色如生。切细，好醋浇之，鲜辣，醒酒佳品也。冬做夏供，夏做冬供。春做亦可。

撒拌和菜法

麻油加花椒，熬一二滚，收贮。用时取一碗，入酱油、醋、白糖少许，调和得宜。凡诸菜宜油拌者，入少许，绝妙。

---

❶ 炒盐拿：即撒入炒盐拌匀，略腌，使水析出。

白菜、豆芽菜、水芹菜俱须滚汤焯熟，入冷汤漂过，�干入拌。菜色青翠，脆而可口。

细拌芥

十月，采鲜嫩芥菜，细切，入汤一焯即捞起。切生莴苣。熟香油、芝麻、飞盐拌匀入瓮，三五日可吃。入春不变。

糟　菜

腊糟压过头酒、未出二酒者，每斤拌盐四两，坛封听用。好白菜洗净，晒干，切二寸许段。止用一二刀，除叶不用。以椒盐细末掺菜上，每段用大叶一二片包裹入坛。每菜二斤，糟一斤，一层菜一层糟。封好。月余取用。

或先以糟及菜叠浅盆内，隔日翻腾。待熟，方用叶包，叠糟入坛收贮。亦得法。

十香菜

苦瓜去白肉用青皮，盐腌，晒干，细切十斤，伏天制。冬菜去老皮，用心，晒干，切十斤，生姜切细丝五斤，小茴五合炒，陈皮切细丝五钱，花椒二两炒，去梗、目，香菜一把切碎，制杏仁一升，砂仁一钱，甘草、官桂各三钱共为末，装袋内，入甜酱酱之。

水　芹

水芹菜肥嫩者，晾去水气，入酱，取出，熏过，妙。拌肉煮或菜油炒，俱佳。

又

滚水焯过，入罐。煎油、醋、酱油泼之。

加芥末，妙。

或盐汤焯过，晒干，入茶供，亦妙。

油　椿

香椿洗净，用酱油、油、醋入锅煮过，连汁贮瓶用。

淡　椿

椿头肥嫩者，淡盐拿过，熏之。

附禁忌

赤芥有毒，食之杀人。

三月食陈菹，至夏生热病恶疮。

十月食霜打黄叶，凡诸蔬菜叶。令人面枯无光。

檐滴下菜，有毒。

王瓜干

王瓜，去皮劈开，挂煤火上易干。南方则灶侧及炭炉畔。

染坊沥过淡灰，晒干，用以包藏生王瓜、茄子，至冬月如生，可用。

酱王瓜

王瓜，南方止用腌菹，一种生气，或有不喜者。唯入甜酱酱过，脆美胜于诸瓜。固当首列《月令》，不愧隆称。

食香瓜

生瓜切作棋子，每斤盐八钱，加食香同拌，入缸腌一二日，取出控干。复入卤，夜浸日晒，凡三次，勿太干。装坛听用。

上党甜酱瓜

好面，用滚水和大块，蒸熟，切薄片。上下草盖，一二七发黄。日晒夜收，干了磨细面，听用。大瓜三十斤，去瓤，用盐一百二十两，腌二三日取出，晒去水气。将盐汁亦晒日许，佳。拌面入大坛，一层瓜一层面。纸箬密封，烈日转晒，从伏天至九月。计已熟，将好茄三十斤、盐三十两腌三日。开坛，将瓜取出，入茄坛底，压瓜于上，封好。食瓜将尽，茄已透。再用腌姜量入。

酱瓜茄

先以酱黄铺缸底一层，次以鲜瓜茄铺一层，加盐一层，又下酱黄，层层间叠。五七宿，烈日晒好，入坛。欲作干瓜，取出晒之。不用盐水。

瓜齑

生菜瓜,每斤随瓣切开,去瓤,入百沸汤焯过,用盐五两擦、腌过。豆豉末半斤,酽醋半斤,面酱斤半,马芹、川椒、干姜、陈皮、甘草、茴香各半两,芜荑二两,共为细末,同瓜一处拌匀,入瓮按实,冷处顿放。半月后熟,瓜色明透如琥珀,味甚香美。

附禁忌

凡瓜两鼻两蒂,食之杀人。

食瓜过伤,即用瓜皮煎汤解之。

伏姜

伏月,姜腌过,去卤,加椒末、紫苏、杏仁,酱油拌匀,晒干,入坛。

糖姜

嫩姜一斤,汤煮,去辣味过半。砂糖四两,煮六分干,再换糖四两。如嫌味辣,再换糖煮一次,或只煮一次,以后蒸、炖皆可。略加梅卤,妙。

剩下糖汁,可别用。

五美姜

嫩姜一斤切片,白梅半斤,打碎去仁。炒盐二两,拌匀,晒三日。次入甘松一钱、甘草五钱、檀香末二钱，拌匀，晒三日，收贮。

糟　姜

姜一斤，不见水，不损皮，用干布擦去泥，秋社日前晒半干。一斤糟、五两盐急拌匀，装坛。

又急就法

社前嫩姜，不论多少，擦净，用酒和糟、盐拌匀入坛，上加沙糖一块，箬叶包口，泥封，七月可用。

法制伏姜

姜不宜日晒，恐多筋丝。加料浸后晒，则不妨。

姜四斤，剖去皮，洗净晾干，贮瓷盆。入白糖一斤，酱油二斤，官桂、大茴、陈皮、紫苏各二两，细切拌匀。初伏晒起，至末伏止收贮。晒时用稀红纱罩，勿入蝇子。此姜神妙，能治百病。

法制姜煎

盐水沸汤八升，入盐三斤，打匀，隔宿去脚，梅水白梅半斤捶碎，入少水和浸，二水和合炖，贮。逐日采牵牛花，去白蒂，投入。候水色深浓，去花。嫩姜十斤勿见水，拭去红衣，切片。白盐五两、白矾五两，沸汤五碗化开，澄清浸姜。置日影边，微晒二日，捞出晾干。再入盐少许拌匀。入前盐梅水内，烈日晒干，候姜上白盐凝燥为度。入器收贮。

醋　姜

嫩姜盐腌一宿，取卤同米醋煮数沸，候冷，入姜，量加沙糖，封贮。

糟　姜

嫩姜，晴天收，阴干四五天，勿见水。用布拭去皮。每斤用盐一两、糟三斤，腌七日，取出拭净。另用盐二两、糟五斤拌匀，入别瓮。先以核桃二枚捶碎，置罐底，则姜不辣。次入姜、糟，以少熟粟末掺上，则姜无渣。封固，收贮。如要色红，入牵牛花拌糟。

附禁忌

妊妇食干姜，胎内消。

熟酱茄

霜后茄，蒸过，压干，入酱油浸，十日可用。

糟　茄

诀曰：五糟五斤也六茄六斤也盐十七十七两，一碗河水水四两甜如蜜。做来如法收藏好，吃到明年七月七二日即可供。霜天小茄肥嫩者，去蒂萼，勿见水，用布拭净，入瓷盆，如法拌匀。虽用手，不许揉拿。三日后，茄作绿色。入坛，原糟水浇满，封半月，可用。色翠绿，内如黄蚋色，佳味也。

又

中样晚茄，水浸一宿，每斤盐四两，糟一斤。

蝙蝠茄味甜

霜天小嫩黑茄，用笼蒸一炷香，取出压干。入酱一日，取出，晾去水气，油炸过，白糖、椒末层叠装罐，原油灌满。油炸后，以梅油拌润更妙。梅油即梅卤。

茄　干

去皮生晒易霉。挂煤炭火傍，俟干，妙。

梅糖茄

蒸过，压干，切小象眼块。白糖重叠入罐，梅卤灌满。

香　茄

嫩茄切三角块，滚汤焯过，稀布包榨干。盐腌一宿，晒干。姜、橘、紫苏丝拌匀，滚糖醋泼。晒干，收贮。

山　药

不见水，蒸烂，用箸搅如糊。或有不烂者，去之。或加糖，或略加好汁汤者为上。其次同肉煮。若切片或条子配入羹汤者，最下下庖也。

煮冬瓜

老冬瓜切块，用肉汁煮，久久内外俱透，色如琥珀，味方美妙。汁多而味浓，方得如此。

煨冬瓜

老冬瓜，切下顶盖半尺许，去瓤治净。好猪肉，或鸡、鸭，或羊肉，用好酒、酱油、香料美味调和，贮满瓜腹。竹签三四根，仍将瓜盖签好。竖放灰堆内，用砻糠铺底及四围，窝到瓜腰以上。取灶内灰火，周围培筑，埋及瓜顶以上，煨一周时，闻香取出。切去瓜皮，层层切下供食。内馔外瓜，皆美味也。

酱蘑菇

蘑菇择肥白者，洗净蒸熟。酒酿、酱油泡醉，美。

醉香蕈

拣净，水泡。熬油锅，炒熟。其原泡出水，澄去滓，乃烹入锅，收干取起。停冷，用冷浓茶洗去油气，沥干。入好酒酿、酱油醉之，半日味透，素馔中妙品也。

笋　干

诸咸淡干笋，或须泡煮，或否。总以酒酿糟糟之，味佳。硬笋干，用豆腐浆泡之易软，多泡为主。

笋　粉

鲜笋老头不堪食者，切去其尖嫩者供馔，其差老白而味鲜者，看天气晴明，用药刀如切极薄饮片，置净筛内晒干。至晚不甚干，炭火微熏。柴火有烟，不用。干极，磨粉罗过，收贮。或调汤，或炖蛋腐，或拌臊子细肉，加入一撮，供于无笋时，何其妙也。

木　耳

洗净，冷水泡一日夜。过水，煮滚，仍浸冷水内。连泡四五次，渐肥厚而松嫩。用酒酿、酱油拌醉为上。

香蕈粉

整朵入馔。其碎屑拣净，或晒或烘，磨罗细粉。与笋粉、虾米粉同用。

熏　蕈

南香蕈肥大者，洗净晾干。入酱油浸，半日取出，搁稍干，掺茴椒细末，柏枝熏。

熏　笋

鲜笋，肉汤煮熟，炭火熏干，味淡而厚。

生笋干

鲜笋，去老头，两劈。大者四劈。切二寸段。盐揉过，晒干。每十五斤成一斤。

淡生脯

用水焯过，晒干。不用盐。盐汤焯即盐笋矣。

素火腿

干者洗净，笼蒸。不可煮，煮则无味。
糟食，更佳。

笋鲊

早春笋，剥净，去老头，切作寸许长、四分阔，上笼蒸熟。入椒盐、香料拌，晒极干，天阴炭火烘。入坛，量浇熟香油封好，久用。

盐莴笋

莴笋，盐腌，揉过，晒将干，用茴香、花椒擦之，盘入罐，封口。用时以白酒泡之，味美而脆。

糟笋

冬笋，勿去皮，勿见水，布擦净毛及土。或用刷牙细刷。用箸捅笋内嫩节，令透。入腊香糟于内，再以糟团笋外，如糟鹅蛋法。大头向上，入坛封口泥头。入夏用之。

醉萝卜

冬细茎萝卜实心者，切作四条。线穿起，晒七分干。每斤用盐二两腌透，_{盐多为妙。}再晒九分干，入瓶捺实，八分满。滴烧酒浇入，勿封口。数日后，卜气发臭。臭过，卜作杏黄色，甜美异常。_{火酒最拔盐味，盐少则一味甜，须斟酌。}臭过，用绵缕包老香糟塞瓶上，更妙。

糟萝卜

好萝卜，不见水，擦净。每个截作两段。每斤用盐三两腌过，晒干。干糟一斤，加盐拌过，次入萝卜，又拌入瓶。此方非暴吃者。

香萝卜

萝卜切骰子块，盐腌一宿，晒干。姜、橘、椒、茴末拌匀。将好醋煎滚，浇拌入瓷盆，晒干收贮。

每卜十斤，盐八两。

种蘑菇法

净蘑菇、柳蛀屑等分，研匀。糯米粉蒸熟，捣和为丸，如豆子大。种背阴湿地，席盖，三日即生。

又

榆、柳、桑、楮、槐五木作片，埋土中，浇以米泔，数日即生，长二三寸，色白柔脆，如未开玉簪花，名鸡腿菇。

一种状如羊肚，里黑色蜂窝，更佳。

竹　菇

竹根所出，更鲜美。熟食无不宜者。

种木菌

朽桑木、樟木、楠木，截成尺许。腊月扫烂叶，择阴肥地，和木埋入深畦，如种菜法。入春，用米泔不时浇灌。菌出，逐日灌三次，渐大如拳，取供食。木上生者，不伤人。

柳菌亦可食。

下 卷

餐芳谱

凡诸花，及苗，及叶，及根，与诸野菜，佳品甚繁。采须洁净，去枯，去蛀，去虫丝，勿误食。制须得法，或煮，或烹，或燔，或炙，或腌，或炸，不一法。

凡食野芳，先办汁料。每醋一大盅，入甘草末三分、白糖一钱、熟香油半盏和成，作拌菜料头。以上甜酸之味。或捣姜汁加入，或用芥辣。以上辣爽之味。或好酱油、酒酿，或一味糟油。以上中和之味。或宜椒末，或宜砂仁。以上开豁之味。或用油煤。松脆之味。

凡花菜采得，洗净，滚汤一焯即起，急入冷水漂片刻。取起，抟干拌供，则色青翠不变，质脆嫩不烂，风味自佳。萱苗、□□苗多如此。家菜亦有宜此法。他若炙煿作菹，不在此制。

果之属

青脆梅

青梅必须小满前采。捶碎核，用尖竹快[1]拨去仁。不许手犯，打拌亦然。此最要诀。一法，矾水浸一宿，取出晒干。着盐少许瓶底，封固，倒干去仁，摊筛内，令略干。每梅三斤十二两，用生甘草末四两、盐一斤炒，待冷、生姜一斤四两不见水，捣细末、青椒三两旋摘，晾干、红干椒半两拣净一齐抄拌。仍用木匙抄入小瓶。止可藏十余盏汤料者。先留些盐掺面，用双层油纸加绵纸紧扎瓶口。

白　梅

极生大青梅，入瓷钵，撒盐，用手擎钵播之，不可手犯。日三播，腌透，取起，晒之。候干，上饭锅蒸过，再晒。是为白梅。若一蒸后用锤捶碎核，如一小饼，将鲜紫苏叶包好，再蒸再晒。入瓶，一层白糖一层梅，上再加紫苏叶，梅卤内浸过，蒸晒过者。再加白糖填满，封固，连瓶入饭锅再蒸数次，名曰苏包梅。

黄　梅

肥大黄梅，蒸熟去核净肉一斤，炒盐三钱，干姜末一钱，半鲜紫苏叶晒干二两，甘草、檀香末随意，共拌入瓷器，

---

❶ 竹快：疑为"竹筷"之讹。

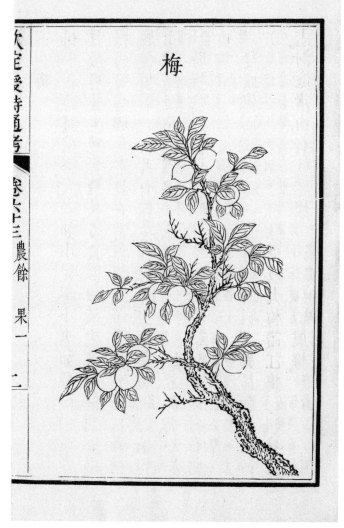

梅（选自清弘昼等《钦定授时通考》）

晒熟收贮。加糖点汤，夏月调冰水服，更妙。

乌　梅

乌梅去仁，连核一斤，甘草四两，炒盐一两，水煎成膏。

又白糖二斤，大乌梅肉五两用汤蒸，去涩水，桂末少许，生姜、甘草量加，捣烂入汤。

藏橄榄法

用大锡瓶，瓶口可容手出入者乃佳。将青果拣不伤损者，轻轻放入瓶底，乱投下仍要伤损。用瓷杯仰盖瓶上，杯内贮清水八分满，浅去常加，则青果不干亦不烂，秘诀也。

藏香橼法

用快剪子剪去梗，只留分许，以穀树汁点好，愈久而气不走，至妙诀也。点汁时勿沾皮上。或用白果、小芋、黄腊，俱不妙。

香橼膏

刀切四缝，腐泔水浸一伏时，入清水煮熟，去核，拌白糖，多蒸几次，捣烂成膏。

橙　饼

大橙子二斤，连皮切片，去核捣烂，加生姜一两，切片焙干。甘草一两、檀香半两，俱为末，和作饼子，焙干。

用时碾细末点汤。

又法：只取橙皮，捣极烂，如绞漆法绞出，拌白糖，瓷盆蒸熟，切片。

又法：橙子五十枚，干山药_{蒸熟焙干}、甘草各一两，俱为末，白梅肉四两，共捣烂，焙干，印成饼。点白汤。

藏　橘

松毛包橘入坛，三四月不干。当置水碗于坛口，如藏橄榄法。又绿豆包橘，亦久不坏。

醉　枣

拣大黑枣，用牙刷刷净，入腊酒酿浸，加烧酒一小杯，贮瓶封固，经年不坏。空心啖数枚佳，出路早行尤宜，夜坐读书亦妙。

樱桃干

大熟樱桃去核，白糖层叠，按实瓷罐，半日倾出糖汁，砂锅煎滚，仍浇入，一日取出。铁筛上加油纸摊匀，炭火焙之，色红取下。其大者两个镶一个，小者三四个镶一个，日色晒干。

桃　干

半生桃蒸熟，去皮核，微盐掺拌，晒过。苒蒸再晒。候干，白糖叠瓶，封固。饭锅炖三四次，佳。

腌柿子

秋柿半黄，每取百枚，盐五六两，入缸腌下。春取食，能解酒。

咸杏仁

京师甜杏仁，盐水浸拌，炒燥，佐酒甚香美。

酥杏仁

苦杏仁泡数次，去苦水，香油炸浮，用铁丝杓捞起，冷定，脆美。

民国时期北京街头所售卖的柿子（选自"华北交通写真"数据库）

桑　葚

多收黑桑葚，晒干，磨末，蜜丸。每晨服六十丸，反老还童。桑葚熬膏更妙，久贮不坏。

枸杞饼

深秋摘红熟枸杞，蒸熟，略加白梅卤拌润。用山药、茯苓末，加白糖少许，捣和成剂，再蒸过，印饼。

枸杞膏

桑葚膏同法。多采鲜枸杞，去蒂，入净布袋内，榨取自然汁，砂锅慢熬，将成膏，加滴烧酒一小杯，收贮，经年不坏。或加炼蜜收，亦可。须当日制就，如隔宿则酸。

天　茄

盐焯、糖制，俱供茶。酱、醋焯拌，供馔。

素　蟹

新核桃，拣薄壳者击碎，勿令散，菜油熬炒，用厚酱、白糖、砂仁、茴香、酒浆少许调和，入锅烧滚。此尼僧所传下酒物也。

桃　漉

烂熟桃纳瓮，盖口七日，漉去皮、核，密封二十七日，成鲊，香美。

藏桃法

五日煮麦面粥糊，入盐少许，候冷入瓮。取半熟鲜桃，纳满瓮内，封口。至冬月如生。

桃　润

三月三日，取桃花，阴干为末。至七月七日，取乌鸡血和，涂面，光白润泽如玉。

食圆眼

圆眼用针针三四眼于壳上，水煮一滚取食，则肉满而味不走。

杏　浆

李同法。熟杏研烂，绞汁，盛瓷盘，晒干收贮。可和水饮，又可和面用。

盐　李

黄李盐挼，去汁晒干，去核复晒干。用时，以汤洗净荐酒，佳。

嘉庆子

朱李也。蒸熟晒干，糖藏、蜜浸或盐腌，晒干，皆可久。

糖杨梅

每三斤，用盐一两，腌半日，重汤浸一夜，控干。入糖二斤、薄荷叶一大把，轻手拌匀，晒干收贮。

又

腊月水同薄荷一握、明矾少许入瓮。投浸枇杷、林檎、杨梅，颜色不变，味凉可食。

栗　子

炒栗，以指染油逐枚润，则膜不粘。

风栗，或袋或篮，悬风处，常撼播之，不坏易干。

圆眼、栗同筐贮，则圆肉润而栗易干。

熟栗入糟糟之，下酒，佳。

风干生栗，入糟糟之，更佳。

栗洗净入锅，勿加水，用油灯草三根圈放面上，只煮一滚，久闷，甜酥易剥。

油拌一个，酱拌一个，酒浸一个，鼎足置镬底，栗香妙。

采栗时须披残其枝，明年子益盛。

糟地栗

地栗带泥封干，剥净入糟，下酒物也。

鱼之属

鱼 鲊

大鱼一斤，切薄片，勿犯水，布拭净。夏月用盐一两半，冬月一两，腌食顷，沥干，用姜、橘丝、莳萝、葱、椒末，拌匀，入瓷罐揿实。箬盖，竹签十字架定。覆罐，控卤尽，即熟。

或用红曲、香油，似不必。

鱼 饼

鲜鱼取胁，不用背，去皮骨净。肥猪取膘，不用精。每鱼一斤，对膘脂四两，鸡子清十二个。鱼、肉先各剁，肉内加盐少许。剁八分烂，再合剁极烂，渐加入蛋清剁匀。中间作窝，渐以凉水杯许加入，作二三次。则刀不粘而味鲜美。加水后，急剁不住手，缓则饼懈。加水、急剁，二者要诀也。剁成，摊平。锅水勿太滚，滚即停火。划就方块，刀挑入锅。笊篱取出，入凉水盆内。斟酌汤味下之。

鲫鱼羹

鲜鲫鱼治净，滚汤焯熟。用手撕碎，去骨净。香蕈、鲜笋切丝，椒、酒下汤。

风 鱼

腊月鲤鱼或大鲫鱼，去肠勿去鳞，治净拭干。炒盐遍擦内外，腌四五日，用碎葱、椒、莳萝、猪油、好酒拌匀，包入鱼腹，外用皮纸包好，麻皮扎定，挂风处。用时，慢火炙熟。

去鱼腥

煮鱼，用木香末少许，则不腥。

洗鱼，滴生油一二点，则无涎。

凡香橼、橙、橘、菊花及叶，采取捶碎，洗鱼至妙。

凡鱼外腥多在腮边、鬐根、尾棱，内腥多在脊血、腮里。必须于生剖时，用薄荷、胡椒、紫苏、葱、矾等末擦洗内外极净，则味鲜美。

煮鱼法

凡煮河鱼，先下水乃烧，则骨酥。江海鱼，先滚汁，次下鱼，则骨坚易吐。

酥 鲫

大鲫鱼治净，酱油和酒浆入水，紫苏叶大撮、甘草些少，煮半日，熟透，味妙。

炙　鱼

鲚鱼新出水者，治净。炭火炙十分干，收藏。

一法，去头尾，切作段，用油炙熟。每段用箬间，盛瓦罐，泥封。

酒发鱼

大鲫鱼净去鳞、眼、肠、腮及鬐尾，勿见水。用清酒脚洗，用布抹干。里面用布扎箬头，细细搜抹净。神曲、红曲、胡椒、川椒、茴香、干姜诸末各一两，拌炒盐二两，装入鱼腹，入坛。上下加料一层，包好，泥封。腊月造下，灯节后开，又番一转，入好酒浸满，泥封。至四月方熟。可留一二年。

暴腌糟鱼

腊月鲤鱼，治净，切大块，拭干。每斤用炒盐四两擦过，腌一宿，洗净，晾干。用好糟一斤、炒盐四两拌匀，装鱼入瓮，箬包泥封。

蒸鲥鱼

鲥鱼去肠不去鳞，用布抹血水净，花椒、砂仁、酱擂碎，加白糖、猪油同擂，妙。水酒、葱和，锡镟蒸熟。

鱼酱法

鱼一斤，碎切洗净，炒盐三两，花椒、茴香、干姜各一钱，神曲二钱，红曲五钱，加酒和匀，入瓷瓶封好。十日可用。用时加葱屑少许。

黑　鱼

泡透，肉丝同炒。

干银鱼

冷水泡展。滚水一过，去头。白肉汤煮许久。入酒，加酱、姜，热用。

蛏　鲊

蛏一斤，盐一两，腌一伏时。再洗净控干，布包石压。姜、橘丝五钱，盐一钱，葱五分，椒三十粒，酒一大盏，饭糁即炒米一合，磨粉，酒酿糟，更妙。拌匀入瓶，十日可供。鱼鲊同法。

虾乳

即虾球。法与鱼饼同。其不同者，虾与猪膘对配，蛋清止用五六个。乳成，加豆粉，薄调，入少许，不用生水，即手稍歇亦可。

腌　虾

鲜河虾，不犯水，剪去须、尾。每斤用盐五钱，腌半日，沥干。碾粗椒末洒入，椒多为妙。每斤加盐二两拌匀，装入坛。

每斤再加盐一两于面上，封好。用时取出，加好酒浸半日，可食。如不用，经年色青不变，但见酒则化速而易红败也。

　　一方：纯用酒浸数日，酒味淡则换酒。用极醇酒乃妙。用加酱油。冬月醉下，久留不败。忌见火。

晒红虾

虾用盐炒熟，盛笋内，用井水淋洗去盐，晒干，红色不变。

脚　鱼

同肉汤煮。加肥鸡块同煮，更妙。

水鸡腊

　　肥水鸡，只取两腿，用椒、料酒、酱和浓汁浸半日，炭火缓炙干，再蘸汁再炙，汁尽抹熟油再炙，以熟透发松为度。烘干瓶贮，久供。色黄勿焦为妙。

臊子蛤蜊

　　水煮去壳。切猪肉精、肥各半作小骰子块，酒拌，炒半熟。次下椒、葱、砂仁末、盐、醋和匀，入蛤蜊同炒一转。取前煮蛤蜊原汤澄清，烹入，不可太多。滚过取供。

　　加韭芽、笋、茭白丝拌炒，更妙。略与炒腰子同法。

醉　虾

　　鲜虾拣净入瓶，椒、姜末拌匀，用好酒炖滚泼过。食时加盐酱。

又将虾入滚水一焯，用盐撒上拌匀，加酒取供。入糟即为糟虾。

酒　鱼

冬月大鱼，切大片。盐拿，晒微干。入坛，滴烧酒灌满，泥口。来岁三四月取用。

甜　虾

河虾滚水焯过，不用盐，晒干取用，味甘美。

虾　松

虾米拣净，温水泡开，下锅微煮，取起。盐少许，酱并油各半，拌浸。用蒸笼蒸过，入姜汁并加些醋。恐咸，可不必用盐。虾小微蒸，虾大多蒸，以入口虚松为度。

淡　菜

淡菜极大者，水洗剔净，蒸过，酒酿糟下，妙。

一法：治净，用酒酿、酱油停对，量入熟猪油、椒末，蒸三炷香。

土　蚨

白浆酒换泡，去盐味。换入酒浆，加白糖，妙。

要无沙而大者。

酱鳇鱼

自水泡煮，去皱皮。用酱油、酒浆、茴香煮用。

又法：治净，煮过。用好豆腐，切骰子大块，炒熟，乘热撒入鳇鱼，拌匀。酒酿一烹，脆美。

海　参

海参烂煮固佳，糟食亦妙，拌酱炙肉未为不可。只要泡洗极净，兼要火候。

照鳇酱法，亦佳。

虾米粉

虾米不论大小，白色透明者味鲜。若多一分红色，即多一分腥气。取明白虾米，烘燥，研细粉，收贮。入蛋腐，及各种煎炒煮烩细馔加入，极妙。

鲞　粉

宁波淡白鲞真黄鱼一日晒干者洗净，切块蒸熟，剥肉细锉，取骨，酥炙，焙燥，研粉。如虾粉用。其咸味黄枯鲞不堪用。

熏　鲫

鲜鲫治极净，拭干。用甜酱酱过一宿，去酱净，油烹，微晾，茴椒末揸匀，柏枝熏之。

紫蔗皮、荔壳、松壳碎末熏，更妙。

不拘鲜鱼，切小方块，同法，亦佳。

凡鲜鱼治净，酱过，上笼蒸熟，熏之，皆妙。

又鲜鱼入好肉汤煮熟，微晾，椒茴末擦熏，妙。

糟 鱼

腊月制。鲜鱼治净，去头尾，切方块。微盐腌过，日晒，收去盐水迹。每鱼一斤，用糟半斤、盐七钱、酒半斤，和匀入坛，底面须糟多，封好，三日倾到一次，一月可用。

海 蜇

海蜇洗净，拌豆腐煮，则涩味尽而柔脆。

切小块，酒酿、酱油、花椒醉之，妙。糟油拌，亦佳。

鲈鱼脍

吴郡八九月霜下时收鲈，三尺以下劈作脍，水浸，布包沥水尽，散置盆内。取香柔花叶相间细切，和脍拌匀。霜鲈肉白如雪，且不作腥，谓之金齑玉脍，东南佳味。

蟹

酱蟹糟蟹醉蟹精秘妙诀

制蟹要诀有三：其一雌不犯雄，雄不犯雌，则久不沙；其一酒不犯酱，酱不犯酒，则久不沙；酒、酱合用，止供旦夕。其一必须全活，螯足无伤。

忌嫩蟹。忌火照。或云制时逐个火照过，则又不沙。

上品酱蟹

大坛内闷酱，味厚而甜。取活蟹，每个用麻丝缠定，以手捞酱，搪蟹如泥团，装入坛，封固。两月开，脐壳易脱，可供。如剥之难开，则未也，再候之。

此法酱厚而凝密，且一蟹自为一蟹，又止吸甜酱精华，风味超妙殊绝。食时用酒洗酱，酱仍可用。

糟　蟹

用酒浆糟。味虽美，不耐久。

三十团脐不用尖，老糟斤半半斤盐。好醋半斤斤半酒，八朝直吃到明年。

蟹脐内每个入糟一撮。坛底铺糟一层，再一层蟹一层灌满，包口。即大尖脐，如法糟用，亦妙。须十月大雄，乃佳。

蟹大，量加盐糟。

糟蟹坛上用皂角半锭，可久留。

蟹必用麻丝扎。

醉　蟹

寻常醉法：每蟹用椒盐一撮入脐，反纳坛内，用好酒浇下，与蟹平，略满亦可。再加椒粒一撮于上。每日将坛斜侧转动一次，半月可供。用酒者断不宜用酱。

煮　蟹

倪云林法。用姜、紫苏、橘皮、盐同煮。才大沸便翻，再一大沸便啖。凡旋煮旋啖，则热而妙。啖已再煮。捣橙齑、醋供。

孟诜《食疗本草》云：蟹虽消食、治胃气、理经络，然腹中有毒，中之或致死。急取大黄、紫苏、冬瓜汁解之。

又云：蟹目相向者不可食。

又云：以盐渍之，甚有佳味。沃以苦酒，通利支节。

又云：不可与柿子同食。发霍泻。

陶隐居云：蟹未被霜者，甚有毒，以其食水莨_{音建也}。人或中之，不即疗则多死。至八月，腹内有稻芒，食之无毒。

《混俗颐生论》云：凡人常膳之间，猪无筋，鱼无气，鸡无髓，蟹无腹，皆物之禀气不足者，不可多食。

凡熟蟹劈开，于正中央红盉外黑白翳内有蟹鳖，厚薄大小同瓜仁相似，尖棱六出，须将蟹爪挑开，取出为佳。食之腹痛。盖蟹毒全在此物也。

蒸　蟹

蟹浸多水煮则减味。法用稻草捶软挽扁髻入锅，水平草面，置蟹草上蒸之，味足。

山药、百合、羊眼豆等俱用此法。

禽之属

鸭　羹

肥鸭煮七分熟，细切骰子块，仍入原汤，下香料、酒、酱、笋、蕈之类，再加配松仁，剥白核桃，更宜。

鸡　羹

肥鸡白水煮七分熟，去骨，细切，一如鸭羹法。

鸡　鲊

肥鸡细切，每五斤入盐三两、酒一大壶腌。过宿去卤，加葱丝五两，橘丝四两，花椒末半两，莳萝、茴香、马芹各少许，红曲末一合，酒半斤，拌匀，入坛按实，箬封。

猪、羊精肉皆同法。

卤　鸡

雏鸡治净，用猪板油四两捶烂，酒三碗、酱油一碗、香油少许、茴香、花椒、葱同鸡入镟。汁料半入腹内，半淹鸡上，约浸浮四分许。用面饼盖镟，用棍数根于镟底架起，隔汤蒸熟。须勤翻看火候。

鸡　醢

肥鸡白水煮半熟，细切。用香糟、豆粉调原汁，加酱油调和烹熟。

鹅、鸭、鱼同法制。

鸡　豆

肥鸡去骨剁碎，入锅油炒，烹酒、撒盐、加水后，下豆，加茴香、花椒、桂皮，同煮至干。每大鸡一只，豆二升。

肉豆同法。

鸡　松

鸡用黄酒、大小茴香、葱、椒、盐、水煮熟。去皮、骨，焙干。擂极碎，油拌，焙干收贮。

肉、鱼、牛等松同法。

粉　鸡

即名捶鸡，自是可口，然用意太过。

鸡胸肉，去筋、皮，横切作片。每片捶软，椒、盐、酒、酱拌，放食倾，入滚汤焯过取起，再入美汁烹调。松嫩。

蒸　鸡

嫩鸡治净，用盐、酱、葱、椒、茴香等末匀擦，腌半日。入锡镟蒸一炷香，取出斯碎去骨，酌量加调滋味，再蒸一炷香，味甚香美。

鹅、鸭、猪、羊同法。

炉焙鸡

肥鸡水煮八分熟，去骨，切小块。锅内熬油略炒，以盆盖定。另锅极热酒、醋、酱油相半，香料并盐少许烹之。候干，再烹。如此数次，候极酥极干，取起。

煮老鸡

猪胰一具，切碎，同煮，以盆盖之，不得揭开，约法为度，则肉软而佳。鹅、鸭同。或用樱桃叶数片，老鹅同。或用饧糖两三块，或山查数枚，皆易酥。鹅同。

饨　鸭

肥鸭治净，去水气尽。用大葱斤许，洗净，摘去葱尖，搓碎，以大半入鸭腹，以小半铺锅底。酱油一大碗、酒一中碗、醋一小杯，量加水和匀，入锅。其汁须灌入鸭腹，外浸起，与鸭平。稍浮亦可。上铺葱一层，核桃四枚，击缝勿令散，排列葱上，勿没汁内。大钵覆之，绵纸封锅口，文武火煮三次，极烂为度。葱亦极美。即葱烧鸭。

鸡、鹅同法。但鹅须加大料，绵缕包料入锅。

瓢　鸭

鸭治净，胁下取孔，将肠杂取尽。再加治净，精制猪油饼子剂入满。外用茴、椒、大料涂满。箸片包扎固。入锅，钵覆，同饨鸭法饨熟。

坛　鹅

鹅煮半熟，细切。用姜、椒、茴香诸料装入小口坛内，一层肉，一层料，层层按实。箬叶扎口极紧。入滚水煮烂。破坛，切食。

猪蹄及鸡同法。

封　鹅

鹅治净，内外抹香油一层。用茴香、大料及葱实腹，外用长葱裹缠，入锡罐，盖住。罐高锅内，则覆以大盆或铁锅。重汤煮，俟箸扎入透底为度。鹅入罐，通不用汁，自然上升之气味，凝重而美。吃时再加糟油或酱醋随意。

制黄雀法

肥黄雀，去毛、眼净。令十许岁童婢以小指从尻挖雀腹中物尽，雀肺若聚得碗许，用酒漂净，配笋芽、嫩姜、美料、酒、酱烹之，真佳味也。入豆豉亦妙。用淡盐酒灌入雀腹，洗过沥净。一面取猪板油，剥去筋膜，捶极烂，入白糖、花椒、砂仁细末、飞盐少许，斟酌调和，每雀腹中装入一二匙，将雀入瓷钵，以尻向上，密比藏好；一面备腊酒酿、甜酱油，葱、椒、砂仁、茴香各粗末，调和成味。先将好菜油热锅熬沸，次入诸味煎滚，舀起泼入钵内。急以瓷盆覆之。候冷，另用一钵，将雀搬入，上层在下，下层在上，仍前装好。取原汁入锅，再煎滚，舀起泼入，盖好。候冷，再如前法泼一遍。则雀不走油而味透。将雀装入小坛，仍以原汁灌入，包好。若即欲供食，取一小瓶，重汤煮一顷，可食。如欲久留，则先时止须泼两次，临时用重汤煮数刻便好。雀卤留炖蛋或炒鸡脯，用少许，妙绝。

卵之属

糟鹅蛋

三白酒糟，用椒盐、橘皮制就者，每糟一大坛，埋生鹅蛋二枚，多则三枚。再多，便不熟，味亦不佳。一年黄、白浑，二年如粗沙糖，未可食。三年则凝实可供。

百日内糟鹅蛋

新酿三白酒初发浆，用麻线络着鹅蛋挂竹棍上，横挣酒缸口，浸蛋入酒浆内。隔日一看，蛋壳碎裂如细哥窑纹，取起。抹去碎壳，勿损内衣。预制酒酿糟，多加盐拌匀。用糟搪蛋上，厚倍之，入坛。一大坛可糟二十枚。两月余可供。初出三白浆时，若触破蛋汁，勿轻尝。尝之辣甚，舌肿。酒酿糟后，拔去辣味，沁入甜味，佳。

酱煨蛋

鸡、鸭蛋煮六分熟，用箸击壳细碎，甜酱搀水，桂皮、川椒、茴香、葱白一齐下锅，煮半个时辰，浇烧酒一杯。

鸡、鸭蛋同金华火腿煮熟，取出，细敲碎皮，入原汁再煮一二炷香，味甚鲜美。

剥去壳熏之，更妙。

蛋 腐

凡炖鸡蛋，须用一双箸打数百转方妙。勿用水，只以酒浆、酱油及提清鲜汁或酱烧肉美汁调和代水，则味自妙。

入香蕈、虾米、鲜笋诸粉，更妙。

炖时架起碗底，底入水止三四分。上盖浅盆，则不作蜂窠。

食鱼子法

鲤鱼子剥去血膜，用淡水加酒漂过，生绢沥干，置砂钵。入鸡蛋盎数枚，同白用亦可。用锤擂碎，不辨颗粒为度。加入虾米、香蕈粉妙。胡椒、花椒、葱、姜研末，浸酒，再研，澄去料渣，入酱油、飞盐少许，斟酌酒、酱咸淡多少，拌匀，入锡镟蒸熟，取起，刀划方块。味淡，量加酱油，抹上，次以熬熟香油抹上。如已得味，止抹熟油。松球、荔子壳为末，熏之。

蒸熟后煎用，亦妙。

皮 蛋

鸡蛋百枚，用盐十两，先以浓茶泼盐成卤。将木炭灰一半，荞麦秆灰、柏枝灰共一半，和成泥，糊各蛋上。一月可用。清明日做者佳。

民国时期北京店铺中所售卖的各式鸭蛋（选自"华北交通写真"数据库）

　　鸭蛋秋冬日佳，以其无空头也。夏月蛋，总不堪用。

腌　蛋

　　先以冷水浸蛋一二日。每蛋一百，用盐六七合，调泥糊蛋入缸，大头向上。天阴易透，天晴稍迟。远行用灰盐，取其轻也。

　　腌蛋下盐分两：鸡蛋每百用盐二斤半，鹅蛋每百盐六斤四两，鸭蛋每百用盐三斤十二两。

肉之属

蒸腊肉

腊猪肘洗净，煮过，换水又煮，又换，凡数次。至极净极淡，入深锡镟，加酒浆、酱油、花椒、茴香、长葱蒸熟。陈肉而别有鲜味，故佳。蒸后易至还性，再蒸一过，则味定。

凡用椒、茴，须极细末，量入。否则，止用整粒，绵缕包，候足，取出。最忌粗屑。

煮陈腊肉油哼气者，将熟，以烧红炭数块淬入锅内，则不油茜气。

金华火腿

用银簪透入内，取出，簪头有香气者真。

腌法：每腿一斤，用炒盐一两或八钱。草鞋捶软，套手，恐热手着肉则易败。止擦皮上，凡三五次，软如绵，看里面精肉盐水透出如珠为度。则用椒末揉之，入缸，加竹栅，压以石。旬日后，次第翻三五次，取出，用稻草灰层叠叠之。候干，挂厨近烟处，松柴烟熏之，故佳。

腌腊肉

每肉一斤，盐八钱，擦透。三日倒叠一次。二旬后，用醋同腌菜卤煮熟。候干，洗净，挂起晾干。妙。

腊　肉

肉十斤，切作二十块。盐八两、好酒二斤和匀，擦肉，令如绵软。大石压十分干。剩下盐、酒调糟涂肉。篾穿，挂风处。妙。

又法：肉十斤。盐二十两，煎汤，澄去泥沙。置肉于中，二十日取出，挂风处。

一法：夏月腌肉，须切小块，每块约四两。炒盐洒上，勿用手擦，但擎钵颠簸，软为度。石压之，去盐水，干，挂风处。

一法：腌就小块肉，浸菜油坛内，随时取用。不臭不虫，经月如故。油仍无碍。

一法：腊腿腌就，压干，挂土穴内，松柏叶或竹叶烧烟熏之。两月后，烟火气退，肉香妙。

千里脯

牛、羊、猪、鹿等同法。去脂膜净，止用极精肉。米泔浸洗极净，拭干。每斤用醇酒二盏，醋比酒十分之三，好酱油一盏，茴香、椒末各一钱，拌一宿。文武火煮干，取起，炭火慢炙。或用晒，堪久。尝之味淡，再涂，涂酱油炙之。或不用酱油，止用飞盐四五钱。然终不及酱油之妙。并不用香油。

牛脯

牛肉十斤，每斤切四块。用葱一大把，去尖，铺锅底，加肉于上。肉隔葱则不焦，且解膻。椒末二两、黄酒十瓶、清酱二碗、盐二斤，疑误，酌用可也。加水，高肉上四五寸，覆以砂盆，慢火煮，至汁干取出。腊月制，可久。

再加醋一小杯。

兔脯同法。加胡椒、姜。

鲞肉

宁波上好淡白鲞，寸锉，同精肉炙干，上篓。长路可带。

肉饼子

精猪肉，去净筋膜，勿带骨屑，细切，剁如泥。渐剁，加水，并砂仁末、葱屑，量入酒浆、酱油和匀，做成饼子。入瓷碗，上覆小碗，饭锅蒸透熟。取入汁汤，则不走味，味足而松嫩。如不做饼，只将肉剂用竹箸浸软包数层，扎好置酒饭甑内。初湿米上甑时，即置米中间，蒸透取出。第二甑饭，再入蒸之。味足而香美。或再切片油煎，亦妙。

套肠

猪小肠肥美者，治净，两条套为一条，入肉汁煮熟。斜切寸断，伴以鲜笋、香蕈汁汤煮供，风味绝佳。以香蕈汁多为妙。

煮熟，腊酒糟糟用，亦妙。

骑马肠

猪小肠。精制肉饼生剂，多加姜、椒末，或纯用砂仁末。装入肠内，两头扎好。肉汤煮熟，或糟用，或下汤，俱妙。

熏　肉

紫甘蔗皮，晒干，细锉。熏肉，味甜香美，皮冷终脆不硬，绝佳。

柏枝熏之，亦妙。

川猪头

猪头治净，水煮熟，剔骨切条。用砂糖、花椒、砂仁、橘皮、好酱拌匀，重汤煮极烂，包扎，石压，糟用。

小暴腌肉

猪肉切半斤大块，用炒盐，以天气寒热增减，椒、茴等料并香油揉软，置阴处晾着，听用。

煮猪肚肺

肚肺最忌油。油爆纵熟不酥，惟用白水、盐、酒煮。

煮肚，略投白矾少许，紧小堪用。

煮猪肚

治肚须极净。其一头如脐处，中有积物，要挤去，漂净，不气。盐、水、白酒煮熟。预铺稻草灰于地，厚一二寸许，取肚乘热置灰上，瓦盆覆紧。隔，肚厚加倍。入美汁再煮烂。

一法：以纸铺地，将熟肚放上，用好醋喷上，用钵盖上。候一二时取食，肉厚而松美。

肚脏，用沙糖擦，不气。

肺　羹

猪肺治净，白水漂浸数次，血水尽。用白水、盐、酒、葱、椒煮，将熟，剥去外衣，除肺管及诸细管，加松仁、鲜笋，切骰子块，香蕈细切，入美汁煮。佳味也。

夏月煮肉停久

每肉五斤，用胡荽子一合、酒醋各一升、盐三两、葱、椒，慢火煮，肉佳。置透风处。

一方：单用醋煮，可留十日。

收放熏肉

大缸一个，洁净，置大坛烧酒于缸底，上加竹篾，贮肉篾上，纸糊缸口。用时取出，不坏。

爨猪肉

精肉切片，干粉揉过，葱、姜、酱油、好酒同拌，入滚汁爨，出再加姜汁。

肉　丸

纯用猪肉肥膘，同干粉、山药为丸蒸熟，或再煎。

骰子块 陈眉公方

猪肥膘，切骰子块。鲜薄荷叶铺甑底，肉铺叶上，再盖以薄荷叶，笼好蒸透。白糖、椒盐掺滚。畏肥者，食之亦不油气。

肉生法

精肉切薄片，用酱油洗净，猛火入锅爆炒，去血水，色白为佳。取出，细切丝，加酱瓜丝、橘皮丝、砂仁、椒末沸熟，香油拌之。临食，加些醋和匀，甚美鲜。笋丝、芹菜焯熟同拌，更妙。

炒腰子

腰子切片，背界花纹，淡酒浸少顷，入滚水微焯，沥起，入油锅爆炒，加葱花、椒末、姜屑、酱油、酒及些醋烹之，再入韭芽、笋丝、芹菜，俱妙。

腰子煮熟，用酒酿糟糟之，亦妙。

炒羊肚

羊肚治净，切条。一边滚汤锅，一边热油锅。将肚用笊篱入汤锅一焯即起，用布包纽干，急落油锅内炒。将熟，如炒腰子法加香料，一烹即起，脆美可食。久恐坚韧。

夏月冻蹄膏

猪蹄治净，煮熟，去骨，细切。加化就石花一二杯，入香料，再煮烂。入小口瓶内，油纸包扎，挂井内，隔宿破瓶取用。北方有冰可用，不必挂井内。

熏　羹

纯用金华火腿皮，煮熟剥下。或熏肿皮切细条，配以香蕈、韭菜、鲜笋丝、肉汤下之，风味超然。

合　鲊

肉去皮切片，煮烂。又鲜鱼煮，去骨，切块。二味合入肉汤，加椒末各料调和。北方人加豆粉。

柳叶鲊

精肉二斤，去筋膜，生用。又肉皮三斤，滚水焯过，俱切薄片。入炒盐二两、炒米粉少许，多则酸。拌匀，箬叶包紧。每饼四两重。冬月灰火焙三日用，夏天一周时可供。

酱 肉

猪肉治净，每斤切四块，用盐擦过。少停，去盐，布拭干，埋入甜酱。春秋二三日，冬六七日，取起去酱，入锡罐，加葱、椒、酒，不用水，封盖。隔汤慢火煮烂。

造肉酱法

精肉四斤，勿见水，去筋膜，切碎，剁细。甜酱一斤半，飞盐四两，葱白细切一碗，川椒、茴香、砂仁、陈皮为末各五钱。用好酒合拌如稠粥，入坛封固。烈日中晒十余日。开看，干加酒，淡加盐，再晒。

腊月制为妙。若夏月，须新宰好肉，众手速成，加腊酒酿一盅。

灌 肚

猪肚及小肠治净。用晒干香蕈磨粉，拌小肠，装入肚内，缝口。入肉汁内，煮极烂。

又肚内入莲肉、百合、白糯米，亦佳。

薏米有心，硬，次之。

熟 鲊

猪腿精肉切大片，以刀背匀捶三两次，再切细块，滚汤一焯，用布纽干。每斤入飞盐四钱，砂仁、椒末各少许，好醋、熟香油拌供。

坛羊肉

与坛鹅同法。

煮羊肉

羊肉，热汤下锅，水与肉平。核桃五六枚，击碎，勿散开，排列肉上，则膻气俱收入桃内。滚过，换水调和。

煮老羊肉，同瓦片及二桑叶煮，易烂。

蒸羊肉

肥羊治净，切大块，椒、盐擦遍，抖净。击碎核桃数枚，放入肉内外，外用桑叶包一层，又用捶软稻草包紧，入木甑按实，再加核桃数枚于上，密盖，蒸极透。

民国时期烟台海边放牧的羊群（选自"华北交通写真"数据库）

蒸猪头

猪头去五臊，治极净，去骨。每一斤用酒五两，酱油一两六钱，飞盐二钱，葱、椒、桂皮量加。先用瓦片磨光，如冰纹凑满锅内。然后下肉，令肉不近铁。绵纸密封锅口，干则拖水。烧用独柴缓火。瓦片先用肉汤煮过，用之愈久愈妙。

兔　生

兔去骨，切小块，米泔浸，捏洗净。再用酒脚浸洗漂净，沥干。用大小茴香、胡椒、花椒、葱花、油、酒，加醋少许，入锅烧滚，下肉，熟用。

鹿　鞭

即鹿阳。

泔水浸一二日，洗净，葱、椒、盐，酒，密器炖食。

鹿　脯

牛脯同法。只要治净及酒酱味好。

米泔水浸一二日。

鹿　尾

面裹，慢炙，熟为度。

鹿髓同法。面焦屡换，膻去为度。

小炒瓜薑

酱瓜、生姜、葱白、鲜笋或淡笋干、茭白、虾米、鸡胸肉各停，切细丝，香油炒供。诸杂品腥素皆可配，只要得味。肉丝亦妙。

老汁方

先将煮火腿汤五斤，撇去面上油腻，加盐一斤、煮酒二注三白亦可搅匀。再入大茴、桂皮各四两，丁香二十粒，花椒一两，甘松、山柰不拘多少，总入一夏布袋内，放在前汤内，与鸡、鸭同煮。如老汁及鸡、鸭略有臭气，加阿魏二厘。

提清汁法

好猪肉、鲜鱼、鹅、鸭、鸡汁。用生虾捣烂，和厚酱，酱油提汁不清。入汁内。一边烧火令锅内泛，一边滚来掠去。下虾酱三四次，无一点浮油，方笊❶出虾渣，澄定为度。如无鲜虾，打入鸡蛋一二个，再滚，捞去，沫亦可清。

---

❶ 方笊：即方形笊篱，用竹篾、柳条、金属丝等编成的器具，用在水、汤里捞东西。

香之属

香　料

官桂　陈皮　鲜橘皮　橙皮　良姜　干姜　生姜　姜汁　姜粉　胡椒　砂仁　川椒　花椒　地椒　辣椒　小茴　大茴　草菓　荜拨　甘草　肉豆蔻　白芷　桂皮　红曲　神曲　甘松　草豆蔻　檀香

凡烹调用香料，或以去腥，或以增味，各有所宜。用不得宜，反增拗味，不如清真淡致为佳也。

白糖　黑沙糖　紫苏　葱　元荽　莳萝　蒜　韭

大　料

大小茴香、官桂、陈皮、花椒、肉豆蔻、草豆蔻、良姜、干姜、草果，各五钱。红豆、甘草，各少许。各研极细末，拌匀，加入豆豉二合，甚美。

减用大料

马芹即元荽荜拨小茴香，更有干姜官桂良。再得莳萝二椒共，水丸弹子任君尝。

素　料

二椒配著炙干姜，甘草莳萝八角香。马芹杏仁俱等分，倍加榧肉更为强。

牡丹油

取鲜嫩牡丹瓣，逐瓣放开，叠则霉滑。阴干，日晒气走。不必太燥。陆续看，八分干，即陆续入油。须好菜油。油不必多，匀浸花为度。封坛日晒。过三伏，去花滓。埋土七日，加紫草少许，色更可观。取供闺中泽发。

用擦久枯犀杯，立润。

玫瑰油

法与牡丹油同。

桂油同法，香更清妙，但脆发耳。

七月澡头

七月采瓜犀。

面脂瓜瓤，亦可作澡头。

冬瓜内白瓤澡面，去雀班。

悦泽玉容丹

杨皮二两去青留白、桃花瓣四两阴干、瓜仁五两油者不用，共为末。食后白汤服下，一日三服。欲白加瓜仁，欲红加桃花。一月面白，五旬手足俱白。一方有橘皮，无杨皮。

种　植

麻、麦相为候，麻黄艺麦，麦黄艺麻。禾生于枣，黍生于榆，大豆生于槐，小豆生于李，麻生于荆，大麦生于杏，小麦生于杨柳。

凡栽艺，各趋其时。枣鸡口，槐兔目，桑蛙眼，榆负瘤，杂木鼠耳。栗种而不栽，柰也、林檎也栽而不种。茶茗移植则不生，杏移植则六年不遂。

黄　杨

世重黄杨，以其无火。或曰以水试之，沉则无火。老也。取此木，必于阴晦夜无一星则伐之。为枕不裂，为梳不积垢。《埤雅》。梧桐每边六叶。从下数，一月为一叶，闰月则十三叶。视叶小者，即知闰何月。《月令广义》。宋人闰月，表梧桐之叶十三，黄杨之厄一寸。黄杨一年长一寸，闰年退一寸。

附录 汪拂云抄本

煮火腿

火腿生切片，不用皮骨，合汁生煮，或冬笋、韭芽、青菜梗心。用蛤蜊汁更佳。如无，即茭白、蘑菇亦佳。略入酒浆、酱油。

又

陈金腿约六斤者，切去脚，分作两方正块。洗净，入锅煮，去油腻，收起。复将清水煮极烂为度，临起仍用笋、虾作点。名东坡腿。

熟火腿

火腿煮熟，去皮骨，切骰子块。用酒浆、葱末、鲜笋或笋干、核桃肉、嫩茭白，切小块，隔汤炖一炷香。若嫌淡，略加酱油。

糟火腿

将火腿煮熟，切方块，用好酒酿糟糟两三日。切片取供，妙。夏天出路最宜。

又

将火腿生切骰子块，拌烧酒。浸一宿后，将腊糟同花椒、陈皮拌入坛。冬做夏开。临吃，连糟煅用。即风鱼及上好腌鱼肉，亦可如此做。坛口加麻油封固。

辣拌法

熟火腿，拆细丝，同鱼翅、笋丝、芥辣拌，或加水粉、莲肉、核桃俱可。

炖豆豉

鲜肉煮熟，切骰子块，同豆鼓四分拌匀，再用笋块、核桃、香蕈等配入煮，隔汤炖用，佳。

煮熏肿蹄

将清水煮去油烟气，再用鲜肉汤煮极烂为度。鲜笋、山药等俱可配入。

笋　幢

拣大鲜笋，用刀搅空笋节。切肉饼，加盐、砂仁拌匀，填入笋内。用竹片插口，放锅内，糖、酱、砂仁烧透，切段。用虾肉更妙，鸡亦可。

酱 蹄

十一月中，取三斤重猪腿，先将盐腌三四日，取出。用好酱涂满，以石压之，隔三四日翻一转。约酱二十日，取出，揩净，挂有风无日处，两月可供。洗净蒸熟，俟冷切片用。

肉 羹

用三精三肥肉煮熟，切小块，入核桃、鲜笋、松仁等。临起锅，加白面或藕粉少许。

辣汤丝

熟肉，切细丝，入蘑菇、鲜笋、海蜇等丝同煮。临起，多浇芥辣。亦可用水粉。

冻 肉

用蹄爪，煮极烂，去骨。加石花菜少许，盛瓷钵。夏天挂井中，俟冻取起，糟油蘸用，佳。

百果蹄

用大蹄，煮半熟，勒开，挖去直骨，填核桃、松仁及零星皮、筋，外用线扎。再煮极烂，捞起。俟冻，连皮糟一日夜，切片用。

琥珀肉

将好肉切方块，用水、酒各碗半，盐三钱，火煨极红烂为度。肉以二斤为率。

须用三白酒。若白酒正，不用水。

蹄　卷

腌、鲜蹄各半。俟半熟，去骨，合卷，麻线扎紧，煮极烂，冷切用。

夹　肚

用壮肚，洗净。将碎肉加盐、葱、砂仁，略加蛋青，缝口，煮熟。上下夹板，渐夹渐压，以实为妙。俟冷切片。或酱油，或糟油，蘸用。

花　肠

小肠煮半熟，取起，缠绞成段。仍煮熟。俟冷，切片，和汤用。

脊　筋

生剥外膜，肉汤煮。加以虾肉、鸭肉亦可。

肺　管

剥刮极净，煮熟。切段，和以紫菜、冬笋，入酒浆、

民国北京街头冯记爆肚摊（选自"华北交通写真"数据库）

韭芽为妙。

羊头羹

多买羊头，剥皮煮烂。加酒浆、酱油、笋片、香蕈或时菜等件。酱油不可太多。虾肉和入，更妙。临起，量加姜丝。

羊　脯

用精多肥少者，以甜酱油同酒浆，加白糖、茴香、砂仁，慢火烧。汁干为度。

羊　肚

熟羊肚，切细丝，同笋丝煮。加燕窝、韭芽等件。盛上碗时，加芥辣，以辣多为妙。略加姜丝亦可。

煨　羊

切大块，水、酒各半，入坛。砻糠火煨极烂，取出。复去原汁，换鲜肉汤，慢火重煮。随意加和头。绝无膻气。

鹿　肉

切半斤许大，漂四五日，_{每日换水}。同肥猪肉和，烧极烂。须多用酒、茴香、椒料。以不干不湿为度。

又

切小薄片，用汤。随用和头。味肥脆。

又

每肉十斤，治净。用菜油炒过，再用酒水各半、酱斤半、桂皮五两，煮干为度。临起，用黑糖、醋各五两，再炙干。加茴香、椒料。

鹿　鞭

泡洗极净，切段。同腊肉煮。不拘蛤蜊、蘑菇皆可拌。但汁不宜太浓，酒浆、酱油须斟酌下。

鹿　筋

辽东为上，河南次之。先用铁器捶打，然后洗净，煮软，捞起。剥尽衣膜及黄色皮脚，切段，净煮。筋有老嫩不一，嫩者易烂，即先取出，老者再煮。煮熟，量加酒浆和头用。

兔

烧脯与鹿肉同法。但兔肉纯血，不可多洗，洗多则化。

野　鸡

脯、汤俱同烧鹿肉法。

肉幢鸡

用豌头嫩鸡，将碎肉加料填实，缝好。用酒浆、酱油烧透。海参、虾肉俱可作和头。

捶　鸡

嫩鸡剥皮，将肉切薄片，上下用真粉搓匀，将捶轻打，以薄为度。逐片摊开，同皮骨入清水煮熟。拣去筋骨。和头随用。

辣煮鸡

熟鸡拆细丝，同海参、海蜇煮。临起，以芥辣冲入。和头随用。麻油冷拌，亦佳。

炖　鸡

腊月将肥嫩鸡切块，用椒、盐少许拌匀，入瓷瓶内。如遇佳客或燕赏，取出，平放锡镟内，加猪板油及白糖、酒酿、酱油、葱花炖熟。味甘而美。

醋焙鸡

将鸡煮八分熟，剁小块，熬熟油略炒，以醋、酒各半、盐少许烹下，将碗盖。候干，再烹，酥熟取用。

海蛳鸭

大葱二根，先放入鸭肚内。以熟大海蛳填极满，缝好。多用酒浆，烧极熟，整装碗内。如无海蛳，纯葱亦可。想螺蛳亦佳。

鹌　鹑

以肉幢、酱油、酒浆生烧为第一。次用酒浆炖，必须猪油、白糖、花椒、葱等。

秋鸟、黄雀、麻雀诸鸟，皆同此法。

肉幢蛋

拣小鸡子，煮半熟，打一眼，将黄倒出。以碎肉加料补之。蒸极老，和头随用。

卷　煎

将蛋摊皮，以碎肉加料卷好，仍用蛋糊口。猪油、白糖、甜酱和烧。切片用。

皮　蛋

鸭蛋一百个，用浓滚茶少少泡顷，再用柴灰一斗、石灰四两、盐二两，和水拌匀，涂蛋上，暴日晒干。再将砻糠拌，贮大坛内。过一月即可取供。久愈妙。

腌　蛋

清明前，用真烧酒洗蛋，以飞盐为衣，上坛。过四五日，即翻转。如此四五次。月余即可用。省灰而且易洗也。

糟鲥鱼

内外洗净，切大块。每鱼一斤，用盐半斤，以大石压极实。以白酒洗淡，以老酒糟略糟四五日，不可见水。去旧糟，用上好酒糟，拌匀入坛。每坛面加麻油二盅、火酒一盅，泥封固。候二三月用。

淡煎鲥鱼

切段，用些须盐花、猪油煎。将熟，入酒浆，煮干为度。不必去鳞。糟油蘸，佳。

冷鲟鱼

切骰子块,煮熟。冬笋切块,入酒浆,略加白糖。候冷用。暑天切片,麻油拌亦佳,必须蜇皮更妙。

黄　鱼

治净,切小段,用甜白酒煮,略加酱油、胡椒、葱花。最鲜美。

风　鲫

冬月觅大鲫鱼,去肠,勿见水,拭干。入碎肉。通身用绵纸裹好,挂有风无日处,过二三月取下,洗净,涂酒,令略软。蒸熟,候冷,切片用,味最佳。

去骨鲫

大鲜鲫鱼,清水煮熟,轻轻拆作五六块,拣去大小骨。仍用原汤,澄清,加笋片、韭芽或菜心,略入酒浆、盐煮用。

斑　鱼

拣不束腰者,束腰有毒。剥去皮杂,洗净。先将肺同木花入清水浸半日,与鱼同煮。后以菜油盛碗内,放锅中,任其沸涌,方不腥气。临起,或入嫩腐、笋边、时菜,再捣鲜姜汁、酒浆和入,尤佳。

炖鲟鱼

取鲟鱼二斤许大一方块，不必切开。入酒酿、酱油、香料、椒、盐，炖极烂。味最佳。

鱼肉膏

上好腌肉，煮烂切小块，将鱼亦碎切，同煮极烂。和头随用。候冷切供，热用亦可。

炖鲂鲏

拣大者，治极净，填碎肉在内，酒浆炖，加碎猪油，妙。

熏　鱼

鲜鱼切段，酱油浸大半日。油煎，候冷上铁筛，架锅，以木屑熏干，贮用。将好醋涂熏，尤妙。大小鱼俱可。

熏马鲛

酱半日，洗净，切片，油煎。候冷，熏干。入灰坛内，可留经月。

鱼　松

青鱼切段，酱油浸大半日，取起。油煎。候冷，剥去皮骨，单取白肉，拆碎入锅，慢火焙炒，不时挑拨，切勿停手，以成极碎丝为度。总要松、细、白三件俱全为妙。候冷，再细拣去芒刺丝骨，加入姜、椒末少许，收贮随用。

蒸鲞

淡鲞十斤，去头、尾，切段，洗净。晒极干，将烧酒拌过。白糯米五升烧饭。火酒二斤、猪油二斤，去膜切碎。花椒四两，加红曲少许，拌如薄粥样。如干，再加煮酒。用瓷瓶，先放饭一层，次放鱼一层，后再放前各料一层，装入。瓶底、面各用飞盐一撮。泥封好，俟一月后可用。

燕窝蟹

壮蟹肉剥净，拌燕窝，和芥辣用，佳。糟油亦可。

蟹腐放燕窝尤妙。蟹肉、豆豉炒，亦妙。

蟹酱

带壳剁骰子块，略拌盐，炖滚，加酒浆、茴香末冲入。候冷，入麻油，略加椒末，半日即可用。酒、油须恰好为妙。

蟹丸

将竹截断，长寸许。剥蟹肉，和以姜末、蛋清，入竹蒸熟。取出，同汤放下。

蟹炖蛋

凡蟹炖蛋、肉，必沉下。须先将零星肉和蛋炖半碗，再将大蟹肉、黄脂另和蛋盖面重炖，为得法也。

黄　甲

蒸熟，以姜、醋拌用。

又

以鲳、鳜鱼、黄鱼肉拆碎，以腌蛋黄和入姜、醋拌匀用，味比真黄甲更妙。

虾　元

暑天冷拌，必须切极碎地栗在内，松而且脆。若干装，以松仁、桃仁作馅，外用鱼松为衣，更佳。

鳆　鱼

清水洗，浸一日夜，以极嫩为度。切薄片，入冬笋、韭芽、酒浆、猪油炒。或笋干、腌薹心苣、笋、麻油拌用，亦佳。

海　参

浸软，煮熟，切片。入腌菜、笋片、猪油炒用，佳。
或煮极烂，隔绢糟，切用。
或煮烂，芥辣拌用，亦妙。
切片入脚鱼内，更妙。

鱼　翅

治净，煮。切不可单拆丝，须带肉为妙。亦不可太小。

和头鸡、鸭随用。汤宜清不宜浓，宜酒浆不宜酱油。

又

如法治净，拆丝。同肉、鸡丝、酒酿、酱油拌用，佳。

淡　菜

冷水浸一日，去毛、沙丁，洗净。加肉丝、冬笋、酒浆煮用。同虾肉、韭芽、猪油小炒，亦可。

酒酿糟糟用，亦妙。

蛤　蜊

劈开，带半壳入酒浆、盐花，略加酱油，醉三四日。小碟用，佳。

素肉丸

面筋、香蕈、酱瓜、姜切末，和以砂仁，卷入腐皮，切小段。白面调和，逐块涂搽。入滚油内，令黄色，取用。

炖豆豉

上好豆豉一大盏，和以冬笋，切骰子大块。并好腐干，亦切骰子大块。入酒浆，隔汤炖或煮。

素　鳖

以面筋拆碎，代鳖肉，以珠栗煮熟，代鳖蛋，以墨水调真粉，代鳖裙，以元荽代葱、蒜，烧炒用。

熏面筋

好面筋，切长条，熬熟，菜油沸过。入酒酿、酱油、茴香煮透。捞起，熏干，装瓶内，仍将原汁浸用。

生面筋

买麸皮自做。中间填入裹馅、糖、酱、砂仁，炒煎用。

八宝酱

熬熟油，同甜酱入沙糖炒透。和冬笋及各色果仁，略加砂仁、酱瓜、姜末和匀，取起用。

乳　腐

腊月做老豆腐一斗，切小方块盐腌，数日取起晒干。用腊油洗去盐并尘土，用花椒四两，以生酒、腊酒酿相拌匀，箬泥封固。三月后可用。

十香瓜

生菜瓜十斤，切骰子块，拌盐，晒干。水、白糖二斤，好醋二斤，煎滚。候冷，将瓜并姜丝三两、刀豆小片二两、花椒一两、干紫苏一两、去膜陈皮一两同浸，上瓶。十日可用，经久不坏。

醉杨梅

拣大紫杨梅，同薄荷相间，贮瓶内。上放白糖。每杨梅一斤，用糖六两、薄荷叶二两，上浇真火酒，浮起为度。封固。一月后可用，愈陈愈妙。